Feo Manga, José Cruz

Cuestiones ilustradas de química / José Cruz F. Manga. – [León] : Universidad de León, Servicio de Publicaciones, [2026].
176 p. : il. col. ; 30 cm
Encuadernado en espiral
ISBN 979-13-875383-52-1
    1. Química-Manuales de laboratorio. I. Universidad de León. Servicio de Publicaciones. III. Título.

54(083.131)

SERVICIO
DE PUBLICACIONES
UNIVERSIDAD DE LEÓN

Edita: UNIVERSIDAD DE LEÓN. Servicio de Publicaciones

Adaptación interior y cubierta: David Aller Llamera

ISBN: 979-13-87583-52-1
Depósito legal: DL LE 120-2026
Imprime: Lozano impresores
Impreso en España / *Printed in Spain*

León, marzo 2026

Esta editorial es miembro de UNE, lo que garantiza la difusión y comercialización de sus publicaciones a nivel nacional e internacional.

CUESTIONES ILUSTRADAS DE QUÍMICA

JOSÉ CRUZ F. MANGA

PRÓLOGO

La implantación efectiva del Espacio Europeo de Educación Superior, conocido como Proceso de Bolonia, trajo consigo, entre otros, cambios en las metodologías docentes cómo por ejemplo, la ampliación del número y tipo de actividades evaluables. En este sentido, para la asignatura Química de 1º curso del Grado en Biotecnología impartido en la Facultad de Biología de la Universidad de León, se propuso como uno de los *ítems* evaluables la realización por parte del alumnado de 4 sesiones de clase invertida o seminarios, repartidos a lo largo del semestre, en las que los estudiantes individualmente o por parejas, debían demostrar su destreza y capacidad para aplicar los conocimientos adquiridos en las clases de laboratorio, de conceptos teóricos fundamentales, de problemas numéricos, etc. Además, tras la finalización de las pruebas, se discutía en clase la solución o soluciones posibles de cada uno de los ejercicios propuestos.

Con el fin de ir creando una librería de ejercicios cada vez más amplia por acumulación, durante más de una década se ha ido subiendo a la plataforma Moodle, a la que solo tienen acceso los alumnos matriculados en la asignatura, todos los "seminarios" realizados con sus soluciones. Por otra parte, se ha querido ampliar el "target", trasladando dicho contenido a otra plataforma, tan universal como el formato electrónico Kindle de Amazon, con la cual nuestros alumnos están más familiarizados, por la facilidad de acceso e inmediatez de consulta.

Para finalizar, se agradecería a cualquier estudiante o profesor las posibles sugerencias que deseen efectuar, con el fin de corregir errores o proponer mejoras.

León, a 18 de junio de 2025

J. Cruz F. Manga

Página 99

Página 137

1.- El germanio, Ge (Z=32), es un semiconductor importante. Dopado con arsénico, As (Z=33), o galio, Ga (Z= 31), se utiliza como transistor de amplia aplicación en la industria electrónica. Dibuja y nombra las bandas de 3 semiconductores de Ge, uno sin dopar, otro dopado con As y otro dopado con Ga.

SOLUCION

El germanio es un elemento tetravalente, el arsénico pentavalente y el galio trivalente. En un semiconductor base cada átomo de germanio está unido por enlaces covalentes sencillos a otros 4 átomos de germanio, con una geometría tetraédrica.

Si dopamos el semiconductor con arsénico, significa que por cada átomo de Ge que es sustituido por un átomo de As se introduce un electrón de más que no tiene con quien formar enlace. Cuando son miles o millones los átomos de As, se forma una banda de valencia llena con los electrones excedentarios del As, cuya energía está comprendida entre las bandas de valencia y de conducción del germanio. De este modo, la diferencia de energía, el "gap", entre la banda llena del As y la banda vacía del germanio es muy pequeña, de modo que es superada por los electrones cuando son sometidos a un pequeño aumento de temperatura, tª, o a una pequeña diferencia de potencial eléctrico, aumentando con ello, considerablemente, la conductividad eléctrica del semiconductor base de germanio.

Cuando el semiconductor es dopado con Ga, por cada átomo de Ge que es sustituido por un átomo de Ga se crea un hueco electrónico. Cuando son miles o millones los átomos de Ga, se forma una banda de conducción vacía, debido a dichos huecos, de energía comprendida entre las bandas de valencia y de conducción del germanio. De este modo, el "gap", entre la banda de valencia del germanio y la banda vacía de conducción del Ga es muy pequeña, de modo que es superada por los electrones cuando son sometidos a un pequeño aumento de tª o a una pequeña diferencia de potencial eléctrico, aumentando con ello, considerablemente, la conductividad eléctrica del semiconductor.

La conductividad de un metal conductor es máxima a 0 K, y disminuye a medida que aumenta la tª. Por el contrario, un semiconductor es un aislante a 0 K y su conductividad se incrementa a medida que la tª crece. De manera que cuanto menor sea la diferencia de energía, "gap", entre una banda de valencia y una de conducción, menor será la temperatura necesaria para que los electrones adquieran la energía suficiente para superar dicho *gap* y así conducir la corriente eléctrica.

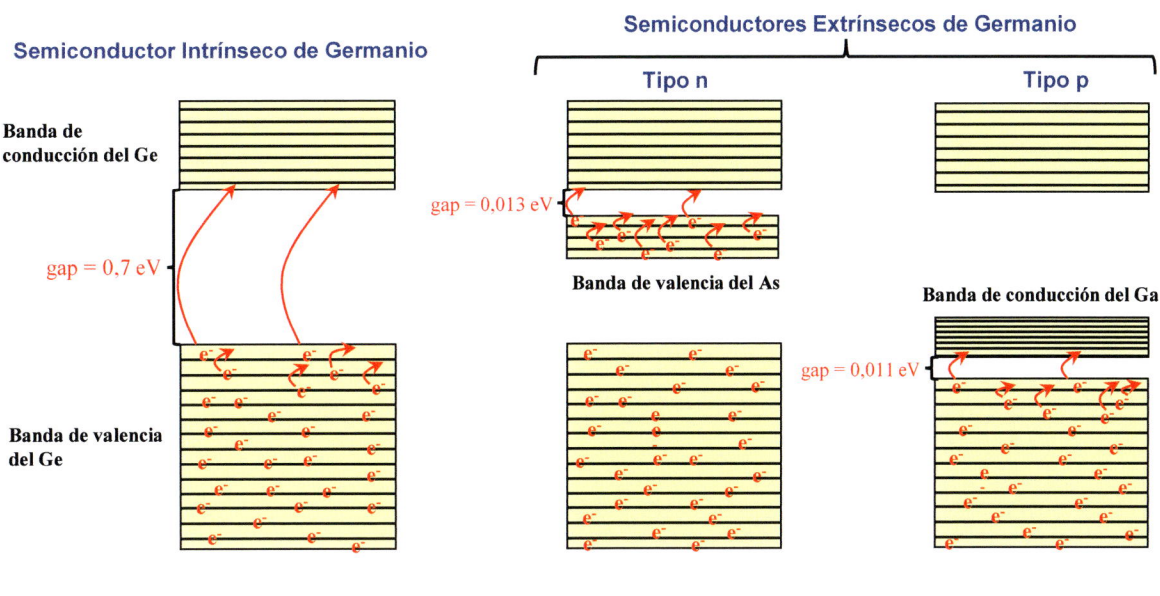

2.- Usando la teoría de orbitales moleculares, OM´s, indica las propiedades magnéticas de las siguientes moléculas: O_2^+, O_2^{-2} y HHe.

Paramagnética (1 electrón solitario)

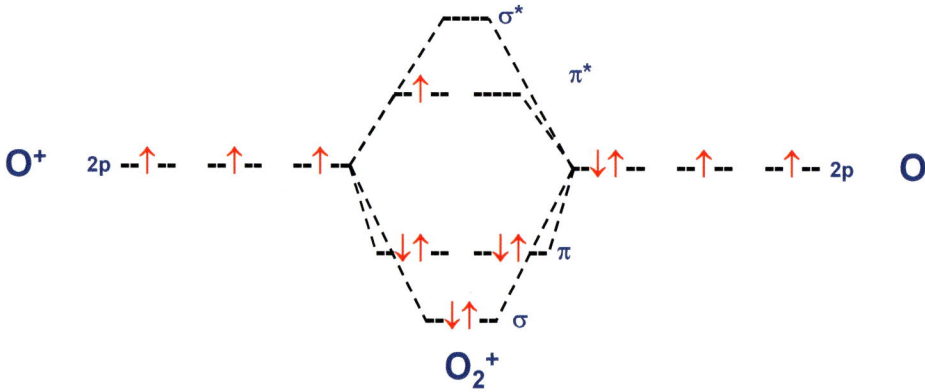

Diamagnética (todos los electrones emparejados)

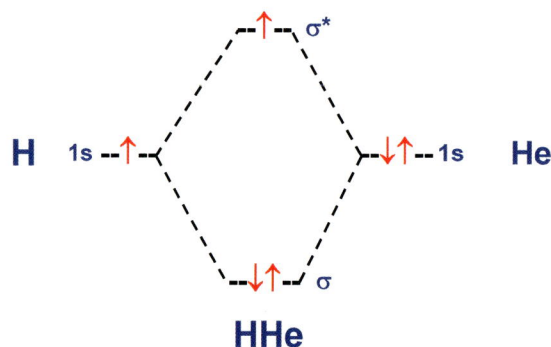

Paramagnética (1 electrón solitario)

3.- El neón tiene los isótopos ^{20}Ne y ^{22}Ne. ¿Cuál será la relación de sus velocidades de efusión a la misma temperatura?.

Ley de Graham de la Efusión: $\dfrac{v_{cm,A}}{v_{cm,B}} = \sqrt{\dfrac{M_{m,B}}{M_{m,A}}}$

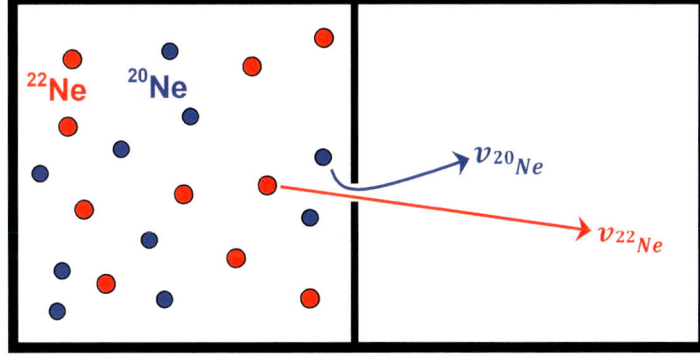

$$\frac{v_{^{20}Ne}}{v_{^{22}Ne}} = \frac{\sqrt{\dfrac{3RT}{M_{^{20}Ne}}}}{\sqrt{\dfrac{3RT}{M_{^{22}Ne}}}} = \sqrt{\frac{M_{^{22}Ne}}{M_{^{22}Ne}}} = \sqrt{\frac{22}{20}} = 1,05$$

4.- Una mezcla de ciclopropano y oxígeno, O_2, se puede utilizar como anestésico. En una botella que contiene aire y ciclopropano, las presiones del ciclopropano y del oxígeno son 170 y 570 torr, respectivamente. ¿Cuál es la relación molar entre el ciclopropano y el O_2?.

Aplicamos la Ley de Dalton a la mezcla de gases y representamos la fracción molar como *"y"*.

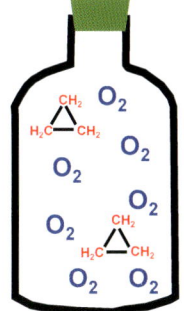

$$\frac{P_{ciclopropano}}{P_{O_2}} = \frac{y_{cicl}P_t}{y_{O_2}P_t} = \frac{\dfrac{n_{cicl}}{n_t}}{\dfrac{n_{O_2}}{n_t}} = \frac{n_{ciclopropano}}{n_{O_2}} = \frac{170\ torr}{570\ torr} = 0,3$$

5.- Indica la hibridación de los C de las siguientes moléculas:

a) O=C=C=O

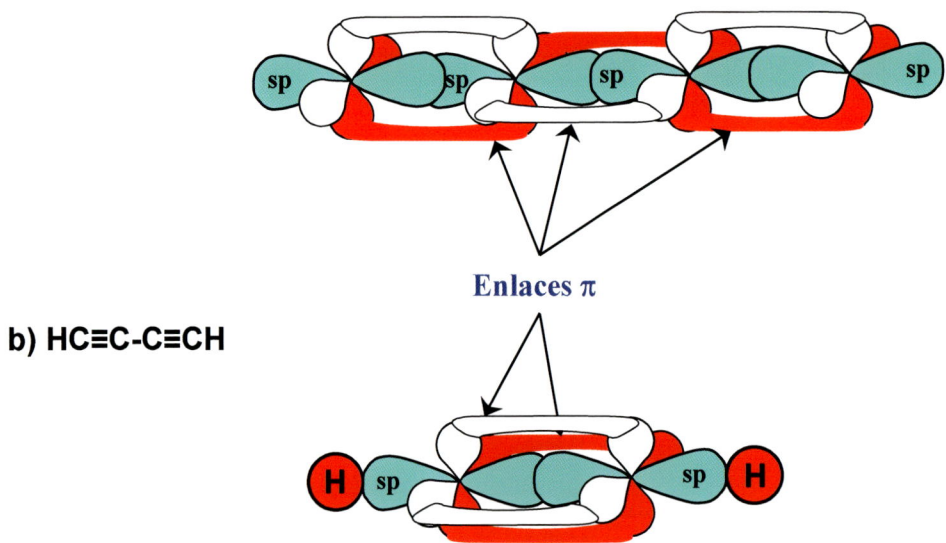

Enlaces π

b) HC≡C-C≡CH

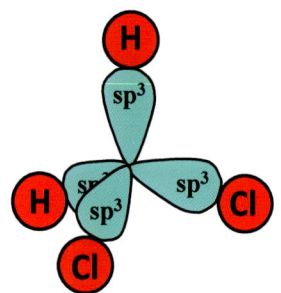

c) H_2CCl_2

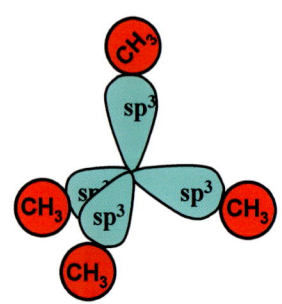

d) $C(CH_3)_4$

6.- El factor de compresión, Z, de un gas se define como: $Z = \frac{V_{molar}^{real}}{V_{molar}^{ideal}}$

Para todo gas ideal Z = 1. Justifica que tipo de fuerzas intermoleculares predominan en un gas dado, cuando a una presión, P y temperatura, T, determinadas su nº Z es mayor de 1.

SOLUCION

Un valor de Z > 1 indica que a unas P y T dadas, las repulsiones entre las moléculas del gas real son más importantes que las atracciones, por lo que su V_{molar} es mayor de lo esperado para un comportamiento como gas ideal. Este es el caso de moléculas con muy pocos electrones como el hidrógeno, H_2. Para moléculas con más electrones, como el metano, CH_4, lo normal es que a baja presión predominen las atracciones y a alta presión las nubes electrónicas de las moléculas entren en contacto y se repelen.

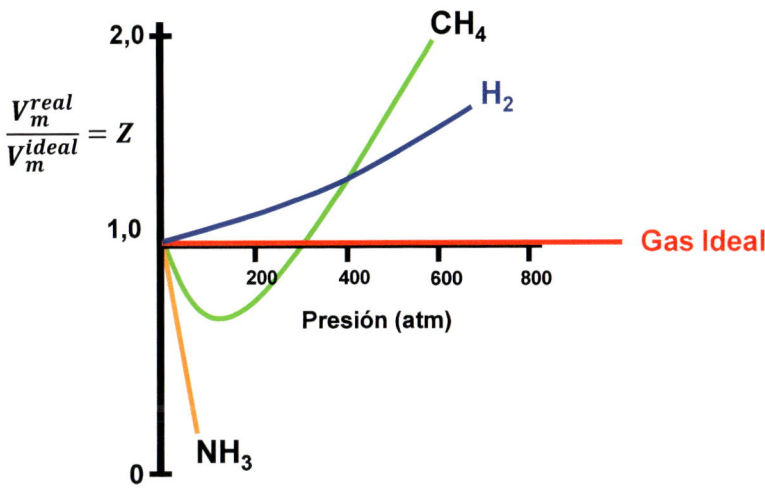

7.- Indica si las siguientes proposiciones son Verdaderas o Falsas:

a) A P y T dadas un gas ideal nunca se enfría cuando se expande. **V**

b) A V y T dados, $6,022\cdot10^{23}$ moléculas de O_3 ejercen la misma presión que $9,033\cdot10^{23}$ moléculas de O_2. **F**

c) A T y P dadas, gases de diferente naturaleza química siempre tienen distinta densidad. **F**

d) La velocidad del sonido en el aire se duplica, si se duplica T. **F**

e) A V y T dados, un gas real siempre ejerce menos presión que considerado ideal. **F**

8.- Justifica cuál de los siguientes gases sería más soluble en el líquido, tetracloruro de carbono:

a) H_2   **b) O_2**   **c) He**   **d) S_2**

SOLUCION

Tanto los solutos como el disolvente son apolares y las únicas fuerzas intermoleculares responsables de la solubilidad serían las de London, cuya expresión de energía potencial es:

$$E_p = -\frac{\alpha_{soluto} \cdot \alpha_{CCl_4}}{r^6}$$

Esta interacción es más intensa cuanto mayor sea la superficie de contacto y polarizabilidad, α, de las moléculas de soluto y disolvente. Y ambas son tanto mayores cuanto más grande sea la nube electrónica de las moléculas, es decir cuanto mayor sea su masa molar. El gas cuyas moléculas tienen mayor masa molar y mayor superficie de contacto con las moléculas del disolvente es el más soluble, es decir, S_2.

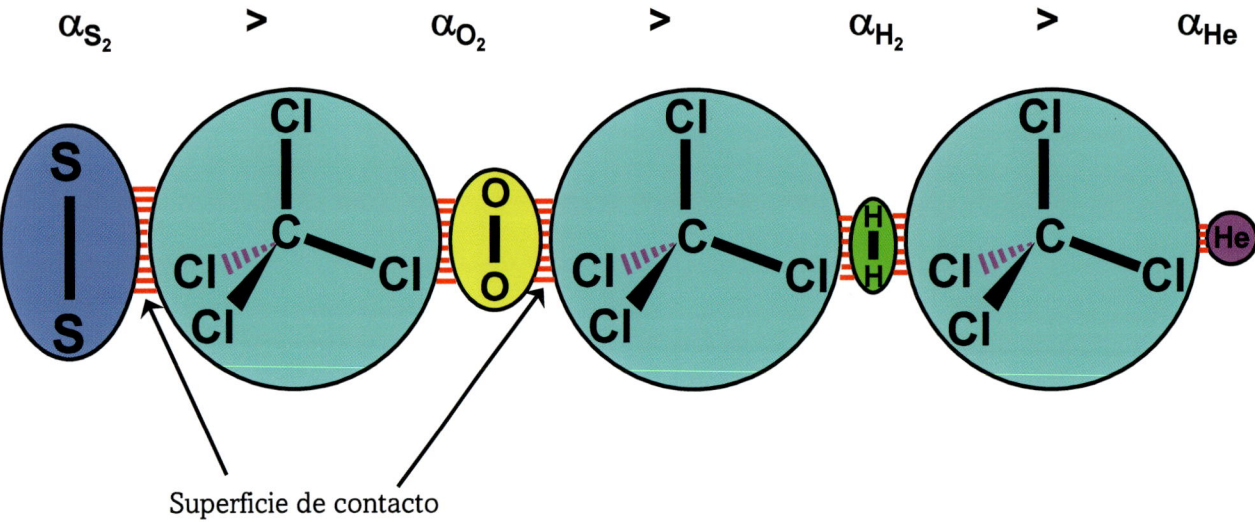

Superficie de contacto

9.- Dibuja la geometría de las siguientes moléculas y di cuáles son polares y cuáles no:

a) OF_2

b) SF_4

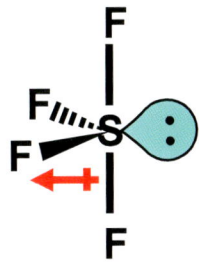

c) BrF_5

10.- Reacciona completamente n litros del gas SO_2 con 0,5 litros de O_2, para obtener n litros del gas S_xO_y. ¿Cuál es la fórmula del gas producto? si los volúmenes de los reactivos están en relación estequiométrica.

SOLUCION

El Principio de Avogadro, dice que volúmenes, V, iguales de gases diferentes, medidos a las mismas P y T, tienen el mismo nº de partículas (moles). Esto significa, que la relación de volúmenes es la misma que la de moles, y el ajuste estequiométrico de la reacción completa será:

$$nSO_{2(g)} \quad + \quad \tfrac{1}{2}nO_{2(g)} \quad \rightarrow \quad nS_xO_{y(g)}$$

Dividiendo todos los coeficientes por n:

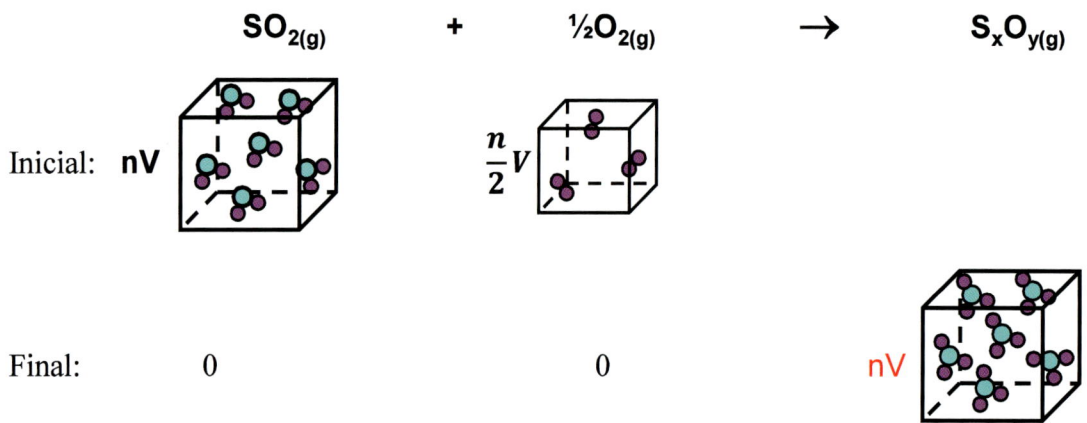

$$SO_{2(g)} \quad + \quad \tfrac{1}{2}O_{2(g)} \quad \rightarrow \quad S_xO_{y(g)}$$

Inicial: **nV** $\qquad\qquad \frac{n}{2}V$

Final: 0 $\qquad\qquad\qquad\qquad$ 0 $\qquad\qquad\qquad\qquad$ nV

Aplicamos la ley de conservación de la masa al azufre:

1·(**x** átomos de azufre por molécula de S_xO_y) = 1·(1 átomo de azufre por molécula de SO_2):

$$1·x = 1·1 \qquad\qquad x = 1$$

Aplicamos la ley de conservación de la masa al oxígeno:

1(**y** átomos de oxígeno por molécula de S_xO_y) = 1·(2 átomos de oxígeno por molécula de SO_2) + 0,5·(2 átomos de oxígeno por molécula de O_2):

$$1·y = 1·2 + 0,5·2 = 3 \qquad y = 3$$

Fórmula del gas: SO_3

11.- Dada la siguiente tabla, contesta:

Sustancia	Punto de Ebullición
H_2O	100 ºC
H_2S	- 60 ºC
H_2Se	- 30 ºC
C_8H_{18}	125 ºC

a) Justifica qué moléculas son polares.

SOLUCIÓN

La molécula de H_2O tiene enlaces muy polares y como su geometría es angular, la suma de los vectores momento dipolar de sus enlaces da lugar a un momento dipolar molecular neto elevado

La molécula de H_2S tiene enlaces poco polares, ya que el átomo de azufre es ligeramente más electronegativo que el átomo de hidrógeno, pero como su geometría es angular, la suma de los vectores momento dipolar de sus enlaces da lugar a un momento dipolar molecular neto distinto de cero

Las moléculas H_2Se y C_8H_{18} son apolares porqué está formadas por átomos de electronegatividad similar, es decir que puede considerarse que no posee enlaces polares y por tanto, su momento dipolar neto es prácticamente cero.

CH₃CH₂CH₂CH₂CH₂CH₂CH₂CH₃

b) ¿Por qué el H_2O tiene mayor punto de ebullición que el H_2S?.

SOLUCIÓN: Debido a los enlaces de hidrógeno intermoleculares

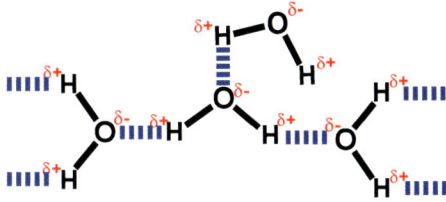

c) ¿Por qué el C_8H_{18} tiene mayor punto de ebullición que el H_2O?.

SOLUCIÓN

Por las fuerzas de London cuya intensidad es muy sensible al aumento de la masa molar de las moléculas. En este caso, la masa molar del C_8H_{18} es muy superior a la del agua, hasta el punto de que las fuerzas de London entre las moléculas de C_8H_{18}, superan a la cohesión de los enlaces de hidrógeno del agua. Por otro lado, dichas fuerzas también dependen de la superficie de contacto intermolecular, la cual aumenta considerablemente en moléculas lineales como C_8H_{18}.

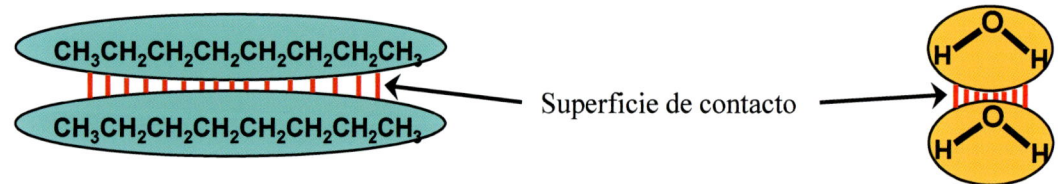

d) ¿Por qué el H_2Se tiene mayor punto de ebullición que el H_2S?.

SOLUCIÓN

Por las fuerzas de London, ya que la masa molar de H_2Se es superior a la de H_2S, lo que la convierte en una molécula más polarizable, y a pesar de que la molécula H_2S es ligeramente polar, las interacciones dipolo-dipolo no son capaces de superar a las fuerzas de London.

Cuantos más electrones tenga la nube electrónica de una mólecula, es más polarizable y mayor será el nº de momentos dipolares instantáneos y más potentes.

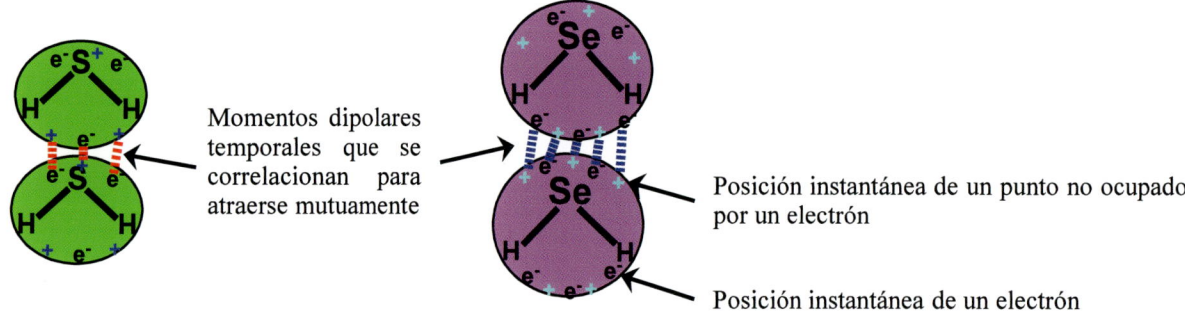

12.- La ley de Graham fue aplicada en la 2ª Guerra Mundial para separar el isótopo de uranio fisionable del isótopo más pesado y abundante ^{238}U. Para ello, una muestra de uranio que contiene ambos isótopos se trató con flúor para obtener especies gaseosas UF_6. Uno de los gases de UF_6 tardó 1,0043 veces más de tiempo que el otro, en recorrer un tubo de longitud L, a tª constante. ¿Cuál es el isótopo de uranio fisionable?.

SOLUCION

$$\frac{v_{238_{UF_6}}}{v_{x_{UF_6}}} = \frac{\sqrt{\frac{3RT}{M_{238_{UF_6}}}}}{\sqrt{\frac{3RT}{M_{x_{UF_6}}}}} \quad \Rightarrow \quad \frac{\frac{L}{1,0043t}}{\frac{L}{t}} = \frac{\sqrt{\frac{1}{352}}}{\sqrt{\frac{1}{M_{x_{UF_6}}}}}$$

$$\frac{1}{\frac{1,0043}{t}} = \sqrt{\frac{M_{x_{UF_6}}}{352}} \quad \Rightarrow \quad Masa\ molar\ _{x_{UF_6}} = 349 g/mol$$

$$x = 349 - 6 \cdot 19 = 235 \quad \Rightarrow \quad {}^{235}U$$

La ley de Graham nos dice que un gas pesado se mueve con una velocidad menor que un gas más ligero. Esta propiedad se puede poner en práctica en un tubo vertical de una longitud dada, L, que contenga una mezcla de fluoruros gaseosos de distintos isótopos de uranio. Con el tiempo y a una tª dada, el fluoruro de mayor masa molar, y por tanto, más denso, ocupará la parte inferior del tubo, mientras la parte superior estará enriquecida en el fluoruro de menor masa molar, es decir, el de Uranio-235. Así, se consiguió obtener una cantidad crítica del isótopo fisionable ^{235}U para fabricar la 1ª bomba atómica de la historia en 1945.

13. ¿A qué temperatura las moléculas de O_2 tienen la misma energía cinética media, $\overline{E_{c,molécula}}$, que las de SO_2 a 25 ºC?

SOLUCION

A 25 ºC, porque la energía cinética media de las moléculas de un gas ideal solo depende de la temperatura:

$$\overline{E_{c,molécula}} = \frac{1}{2} m \overline{v^2} \qquad \overline{v^2} = \sqrt{\frac{3RT}{Masa\ molar}}$$

$$\overline{E_{c,molécula}} = \frac{1}{2} m \frac{3RT}{mN_A} = \frac{3RT}{2N_A}$$

14.- Un tipo de virus cristaliza según la celdilla unidad del dibujo. Calcula el nº de virus que contiene la celdilla.

SOLUCION

Contribución de las 8 partículas de Virus en los vértices a la celdilla unidad: $8 \cdot \dfrac{1}{8} = 1$

Contribución de las 12 partículas de Virus en las Aristas a la celdilla unidad: $12 \cdot \dfrac{1}{4} = 3$

Contribución de las 6 partículas de Virus en las Caras a la celdilla unidad: $6 \cdot \dfrac{1}{2} = 3$

Contribución de las 4 partículas de Virus internos a la celdilla unidad = $4 \cdot 1 = 4$

Nº total de partículas de virus que contiene la celdilla = $1 + 3 + 3 + 4 = 11$

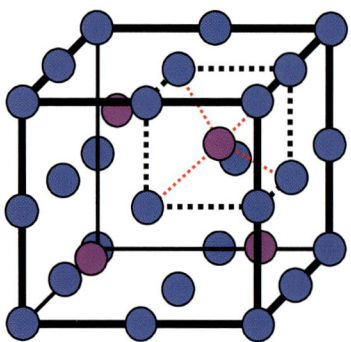

15.- Los huesos de una persona adulta media pesan alrededor de 13 kg y contienen 57,45 % (p/p) de *hidroxiapatito cálcico hidratado,* $Ca_5(PO_4)_3(OH)\cdot 5H_2O$. Calcula los átomos de fósforo que hay en los huesos de un adulto medio.

SOLUCION

Masa de *hidroxiapatito cálcico hidratado*: 0,013 0,5745 = 7468,5 g

Masa de fósforo en el *hidroxiapatito cálcico hidratado*: 7468,5(3·31/592) = 1173,26 g

Moles de fósforo en los huesos: 1173,26/31 = 37,85

Nº de átomos de fósforo en los huesos = Nº de moles·$N_{Avogadro}$ = $37,85 \cdot 6,022 \cdot 10^{23} = 2,3 \cdot 10^{25}$

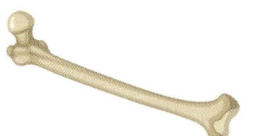

16.- Dibuja la geometría de las siguientes moléculas:

a) ICl$_4^+$

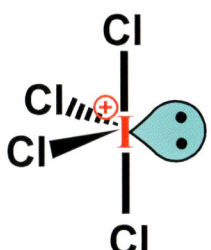

b) ICl$_3$

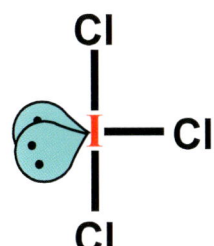

c) ICl$_2^+$

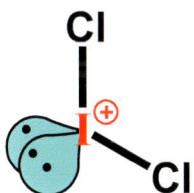

d) N$_2$O

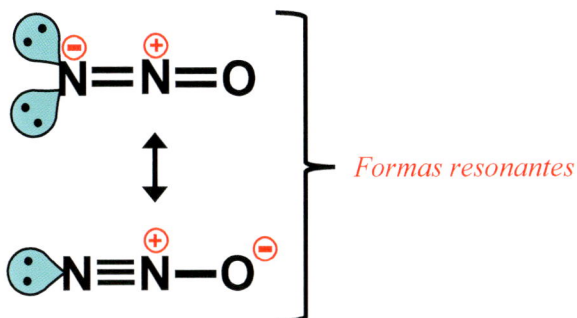

Formas resonantes

17.- A presión, P, y temperatura, T, constantes 1 litro, L, del gas N_2H_4 reacciona con 1 L del gas N_2O_4, según la reacción:

$$N_2H_{4(g)} \quad + \quad N_2O_{4(g)} \quad \rightarrow \quad N_{2(g)} \quad + \quad H_2O_{(g)}$$

Calcula el volumen que ocupan todos los gases de la siguiente reacción cuando se completa:

SOLUCION

Suponemos que 1 litro, L, de cualquier gas a unas P y T dadas contiene **n** moles

	$2N_2H_{4(g)}$	+	$N_2O_{4(g)}$	$\rightarrow$	$3N_{2(g)}$	+	$4H_2O_{(g)}$
Inicio 1 L			1 L		0		0
Inicio	n moles		n moles		0		0
Reacciona	n moles		0,5n moles				
Final	0 moles		(n – 0,5n) = 0,5n moles		1,5n moles		2n moles
V_{total} =	0 L	+	0,5 L	+	1,5 L	+	2 L = 4 L

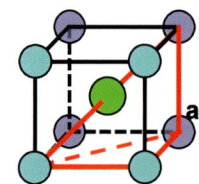 +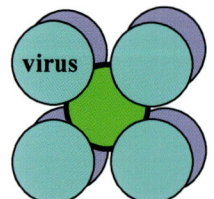

18.- Un rinovirus humano, esférico, cristaliza con una estructura cúbica centrada en el cuerpo, cuya arista vale 445,1 Å. Calcula el diámetro (μm) del virus. *(1Å = 10⁻¹⁰ m)*

SOLUCION

Relaciones de Pitágoras para cúbica centrada en el cuerpo

$(4R)^2$ = (diagonal cubo)^2 = (Diagonal cara)$^2 + a^2 = a^2 + a^2 + a^2$

$(4R_{virus})^2 = 3a^2 = 3(0,04451\ \mu m)^2$ $\qquad\qquad R_{virus} = 0,01925\ \mu m$

Diámetro del virus = 0,0385 μm

19.- a) Calcula el nº de átomos de cada elemento, silicio y oxígeno, que contiene la celdilla

    b) Indica el nº de coordinación de cada átomo

    c) Escribe la fórmula del óxido

SOLUCION

a) Contribución de los 8 átomos de Si en los vértices por celdilla unidad: $8 \cdot \dfrac{1}{8} = 1$

Contribución de los 6 átomos de Si en las Caras por celdilla unidad: $6 \cdot \dfrac{1}{2} = 3$

Contribución de los 4 átomos de Si internos por celdilla unidad $= 4 \cdot 1 = 4$

Nº total de átomos de Si que contiene la celdilla $= 1 + 3 + 4 = 8$

Contribución de los 16 átomos de O internos por celdilla unidad $= 16 \cdot 1 = 16$

Nº total de átomos de O que contiene la celdilla $= 16$

b) Nº de coordinación del Si $= 4$

    Nº de coordinación del O $= 2$

c) Si_8O_{16} = **SiO_2**

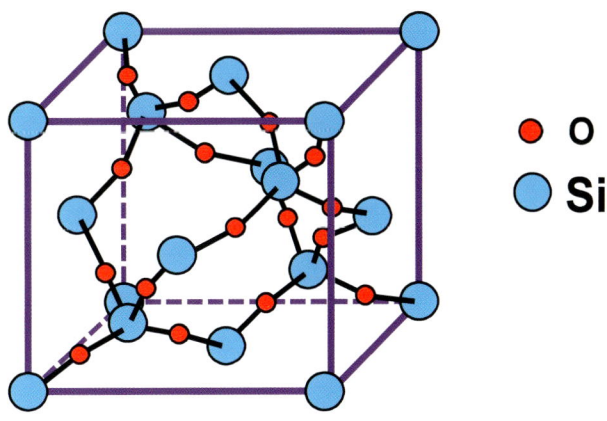

O
Si

20.- Dibuja la geometría y el momento dipolar, si lo tienen, de las siguientes moléculas:

a) SF$_2$

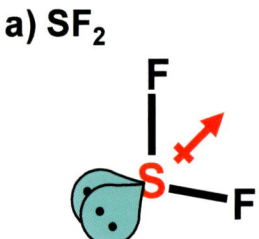

b) XeFCl$_3$

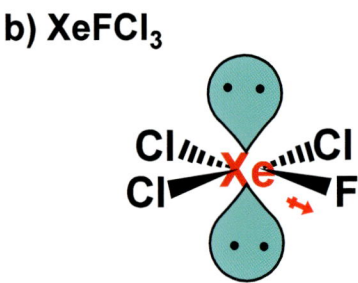

c) XeF$_2$

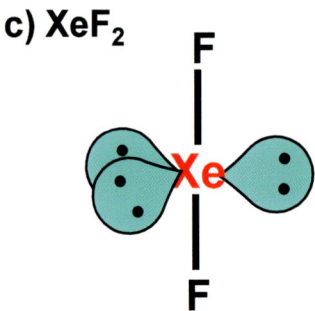

d) BCl$_4^-$

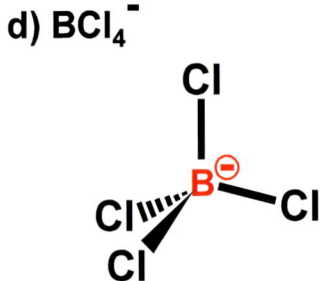

21.- Suponiendo que el fosfato cálcico óseo cristalice como el NaCl, (a = 6,9 Å), justifica cuál de los siguientes cationes tóxicos podría sustituir al calcio en los huesos sin afectar apenas a la estabilidad de su estructura cristalina. *(Radio del fosfato = 0,23 nm).*

	Sr^{+2}	Cd^{+2}	Ca^{+2}	*Ra^{+2}	*Pu^{+3}
Radio (Å):	1,25	1,1	1,3	1,5	1,0

SOLUCION

R = radio del PO_4^{-3} r = radio del Ca^{+2}

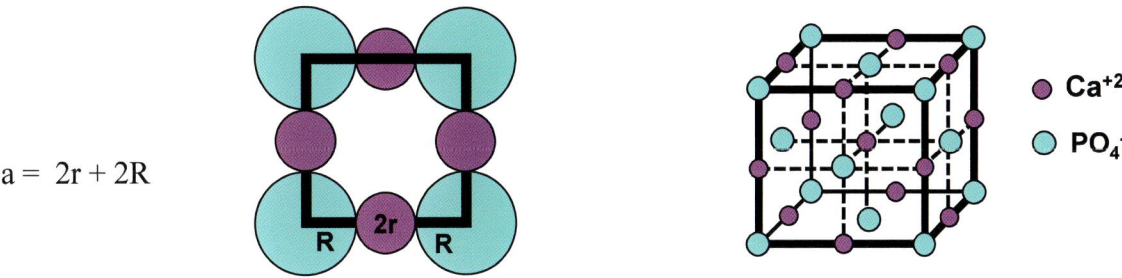

a = 2r + 2R

$6,9Å = 2·2,3Å + 2r$ r = radio del Ca^{+2} = 1,15 Å

Los cationes tóxicos que pueden sustituir al calcio en el hueso son aquellos cuyo radio sea ligeramente inferior al del Ca^{+2}, es decir, el Cd^{+2} y el radioactivo *Pu^{+3}.

22.- Una muestra de 0,085 g del gas X_4H_{10} ocupa un volumen de 36,5 cm³ a 20 °C y 800 mmHg. Identifica al elemento X.

SOLUCION

PV = nRT $\frac{800 \, mmHg}{760 \, mmHg} · 0,0365 = \frac{0,085}{Mmolar} · 0,082 · 293$

Masa molar de $X_4H_{10} = \frac{2,04}{0,0384} = 53,125$ g/mol

Masa molar de $X_4H_{10} = 10·1 + 4·$Masa atómica de X = 53,125 g/mol

Masa atómica de X = 10,8 g/mol   Por tanto, se trata del boro, B

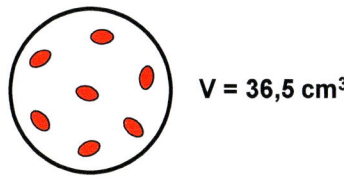

V = 36,5 cm³

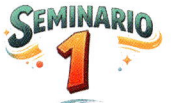

23.- El gas PCl_5 solidifica en forma de cristales iónicos cuyos iones son PCl_4^+ y PCl_6^-. Dibuja la geometría de cada uno de ellos.

SOLUCION

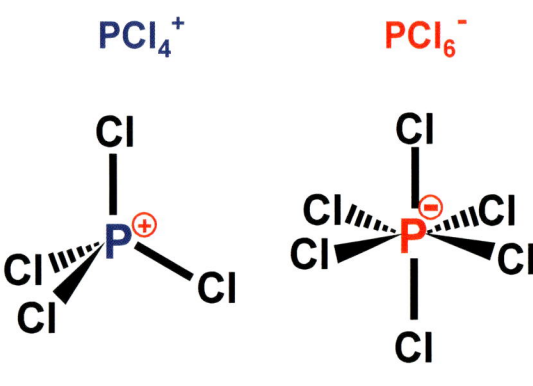

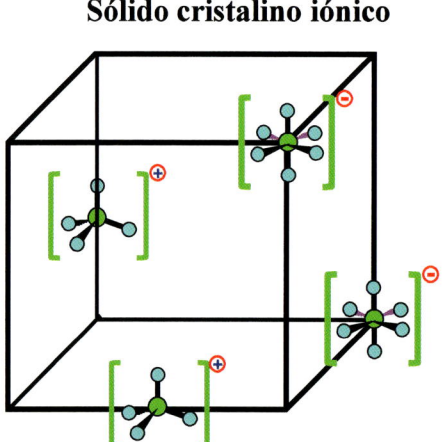

Sólido cristalino iónico

24.- Calcula la arista de la celdilla cúbica del carburo de uranio y escribe su fórmula. *(Radio C^{-4} = 1,59 Å y Radio U^{+4} = 0,89 Å)*

SOLUCION

r/R = 0,89/1,59 = 0,56

Comprendido en el intervalo (0,41 – 0,71), es decir, cristal tipo NaCl

Por tanto la fórmula es del carburo de uranio: UC

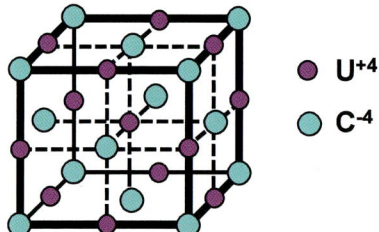

- U^{+4}
- C^{-4}

Los cationes ocupan el centro de las aristas y el centro del cubo, mientras los aniones están situados en los vértices y en las caras.

Por tanto: a = 2r + 2R = 2·0,89 + 2·1,59 = 4,96 Å

25.- De los gases en los siguientes recipientes a la misma temperatura: ¿cuál tiene mayor densidad?, y ¿cuál tiene mayor velocidad cuadrática media, v_{cm}?.

Helio	Cloro	Argon	Amoniaco

V	V	2V	V

SOLUCION

$$d_{He} = \frac{masa\ de\ helio}{V} = \frac{8\frac{M_{He}}{N_A}}{V} = \frac{8\cdot4}{VN_A} = \frac{32}{VN_A}$$

$$v_{cm,He} = \sqrt{\frac{3RT}{M_{He}}} = \sqrt{\frac{3RT}{4}} = 0,87\sqrt{RT}$$

$$d_{Cl_2} = \frac{masa\ de\ cloro}{V} = \frac{4\frac{M_{Cl_2}}{N_A}}{V} = \frac{4\cdot70,9}{VN_A} = \frac{283,6}{VN_A}$$

$$v_{cm,Cl_2} = \sqrt{\frac{3RT}{M_{Cl_2}}} = \sqrt{\frac{3RT}{70,9}} = 0,21\sqrt{RT}$$

$$d_{Ar} = \frac{masa\ de\ argón}{2V} = \frac{10\frac{M_{Ar}}{N_A}}{2V} = \frac{5\cdot39,95}{VN_A} = \frac{199,75}{VN_A}$$

$$v_{cm,Ar} = \sqrt{\frac{3RT}{M_{Ar}}} = \sqrt{\frac{3RT}{39,95}} = 0,274\sqrt{RT}$$

$$d_{NH_3} = \frac{masa\ de\ amoniaco}{V} = \frac{5\frac{M_{NH_3}}{N_A}}{V} = \frac{5\cdot17}{VN_A} = \frac{85}{VN_A}$$

$$v_{cm,NH_3} = \sqrt{\frac{3RT}{M_{NH_3}}} = \sqrt{\frac{3RT}{17}} = 0,42\sqrt{RT}$$

26.- La siguiente reacción que transcurre en condiciones estándar, finaliza cuando se agotan uno o ambos reactivos:

$$N_{2(g)} \ + \ H_{2(g)} \ \rightarrow \ NH_{3(g)}$$

Calcula los gramos de amoniaco que se forman, cuando reaccionan 21 litros de hidrógeno con 12,2 litros de nitrógeno.

SOLUCION

	$N_{2(g)}$	+	$3H_{2(g)}$	$\rightarrow$	$2NH_{3(g)}$
Inicial	12,2 L		21 L		
Final	(12,2 − 7) L		0		2·7 = 14 L

$$PV = n_{NH_3}RT \qquad 1\cdot14 = n_{NH_3}\cdot0,082\cdot298 \qquad n_{NH_3} = 0,573\ mol$$

Masa de amoniaco = 0,573·17 = 9,74 g

27.- Justifica por qué:

a) Las moléculas $ClCH_3$ y FCH_3 tienen polaridad similar, a pesar de ser el flúor más electronegativo que el cloro

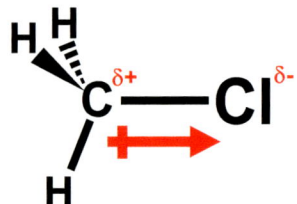

$$R > r$$

$$|\delta_F| > |\delta_{Cl}|$$

$$\vec{\mu} = \vec{r}|\delta| \qquad \vec{\mu}_{clorometano} \approx \vec{\mu}_{fluorometano}$$

b) La molécula $ClCH_3$ es más polar que la $HCCl_3$

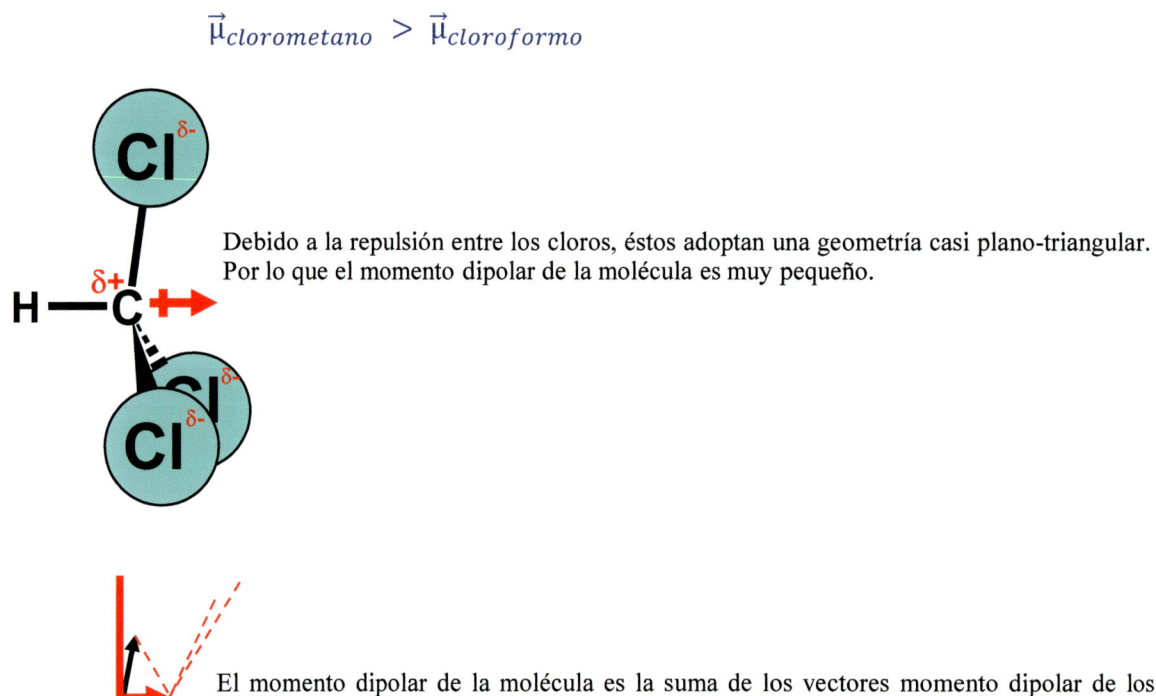

$$\vec{\mu}_{clorometano} > \vec{\mu}_{cloroformo}$$

Debido a la repulsión entre los cloros, éstos adoptan una geometría casi plano-triangular. Por lo que el momento dipolar de la molécula es muy pequeño.

El momento dipolar de la molécula es la suma de los vectores momento dipolar de los enlaces

28.- Aplicando la teoría de orbitales moleculares, OM´s, justifica las propiedades magnéticas de la molécula N_2^{-2}.

SOLUCION

En los átomos con un nº de electrones de valencia menor que el oxígeno, los orbitales 2s y 2p tienen energías próximas y hay que considerar el conjunto de los 4 orbitales para construir el diagrama de OM´s. Esto explica que para una molécula diatómica que contiene N, el OM π procedente del solapamiento de los orbitales 2p, tenga menos energía que el σ.

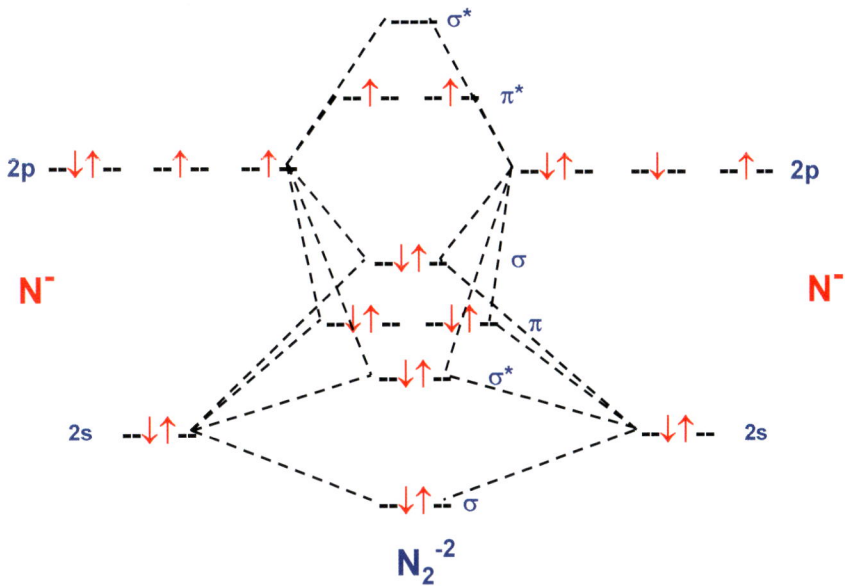

Propiedades magnéticas: la molécula contiene 2 electrones solitarios en el OM π^*, luego es paramagnética, es decir, que es atraída por un campo magnético externo.

$$Orden\ de\ Enlace\ de\ N_2^{-2} = \frac{n^{\underline{o}}\ de\ electrones\ enlazantes\ -\ n^{\underline{o}}\ de\ electrones\ antienlazantes}{2} = \frac{6-2}{2} = 2$$

La molécula existe y los nitrógenos están unidos por un doble enlace.

29.- Calcula la presión total después de abrir la válvula que comunica ambos depósitos esféricos, si la tª es constante y el radio del depósito grande es el doble que el del pequeño.

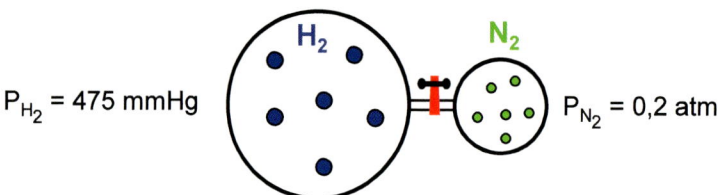

P_{H_2} = 475 mmHg P_{N_2} = 0,2 atm

SOLUCION

Dado que R = 2r, los volúmenes de cada depósito se expresan: $V_{N_2} = \dfrac{4}{3}\pi r^3$

$$V_{H_2} = \frac{4}{3}\pi R^3 = \frac{4}{3}\pi(2r)^3 = 8\left(\frac{4}{3}\pi r^3\right) \quad \text{luego} \quad V_{H_2} = 8V_{N_2}$$

Sustituyendo y aplicando la ecuación de los gases ideales a cada depósito antes de abrir la válvula.

Depósito grande: $P_{H_2}V_{H_2} = n_{H_2}RT$ $\qquad\qquad \dfrac{475}{760}V_{H_2} = n_{H_2}RT$

$$n_{H_2} = 0,625V_{H_2}/RT = 5V_{N_2}/RT$$

Depósito pequeño: $P_{N_2}V_{N_2} = n_{N_2}RT$ $\qquad\qquad 0,2V_{N_2} = n_{N_2}RT$

$$n_{N_2} = 0,2V_{N_2}/RT$$

Una vez abierta la válvula: $\quad P_{total}V_{total} = n_{total}RT$

$$n_{total} = n_{H_2} + n_{N_2} = \left(\frac{5V_{N_2}}{RT} + \frac{0,2V_{N_2}}{RT}\right) = 5,2\frac{V_{N_2}}{RT}$$

$$V_{total} = V_{H_2} + V_{N_2} = 8V_{N_2} + V_{N_2} = 9V_{N_2}$$

$$P_{total}\cdot 9V_{N_2} = \left(5,2\frac{V_{N_2}}{RT}\right)RT \qquad\qquad P_{total} = 5,2/9 = 0,578 \text{ atm}$$

O bien, aplicando la ley de Dalton al volumen total después de abrir la válvula

$P_{H_2}V_{total} = n_{H_2}RT$ $\qquad n_{H_2} = 5V_{N_2}/RT$ $\qquad\qquad V_{total} = 9V_{N_2}$

$P_{N_2}V_{total} = n_{N_2}RT$ $\qquad n_{N_2} = 0,2V_{N_2}/RT$

$$P_{H_2} = \frac{\frac{5V_{N_2}}{RT}\cdot RT}{9V_{N_2}} = \frac{5}{9} \qquad\qquad P_{N_2} = \frac{\frac{0,2V_{N_2}}{RT}\cdot RT}{9V_{N_2}} = \frac{0,2}{9}$$

$P_{total} = P_{H_2} + P_{N_2} = 5,2/9 = 0,578 \text{ atm}$

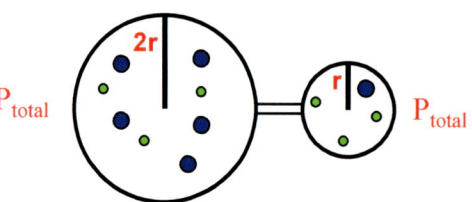

30.- Indica para cada una de las siguientes parejas de sustancias, cuál tiene mayor Punto de Ebullición y por qué:

a) HF y HCl   **b)** HCl y HBr   **c)** Butano y propano   **d)** Butano y 2-metilpropano

SOLUCION

a) HF, por los Enlaces de Hidrógeno Intermoleculares

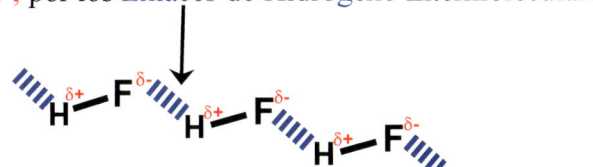

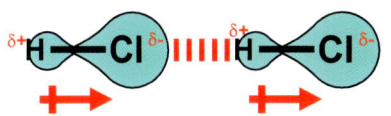

Interacción Dipolo-Dipolo

b) HBr, por las Fuerza de London cuya intensidad es proporcional a la polarizabilidad de las moléculas, la cual a su vez es proporcional a su tamaño, es decir, a su masa molar. Por otro lado, se puede despreciar el efecto de las fuerzas dipolo-dipolo, pues ambas moléculas presentan una polaridad similar.

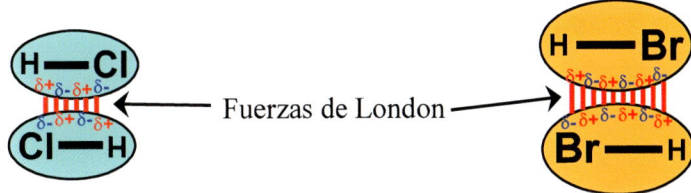

Fuerzas de London

c) Butano: para moléculas apolares las únicas fuerza intermoleculares son las de London, cuya intensidad es proporcional a la masa molar de las moléculas, es decir, al tamaño de sus nubes electrónicas, y por tanto, a su polarizabilidad.

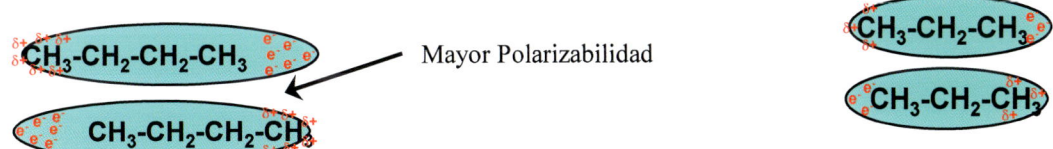

Mayor Polarizabilidad

b) Butano: ambas moléculas tienen la misma masa molar, pero, su geometría, la cual juega un importante papel, es muy distinta; el butano es una molécula más lineal que el 2-metilpropano. Las fuerzas de London, se establecen a través de contactos entre las superficies de las moléculas, como una especie de *"velcro"*. Las moléculas alargadas con mayor superficie de contacto, establecen mayor nº de interacciones adhesivas que las esféricas.

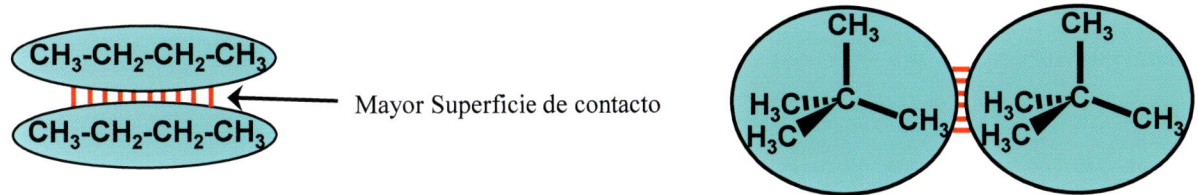

Mayor Superficie de contacto

31.- Aplicando la teoría de orbitales moleculares justifica cuál de las siguientes moléculas, es más estable y cuál es paramagnética:

a) Li₂⁺   **b) BO⁻**

SOLUCION

a)

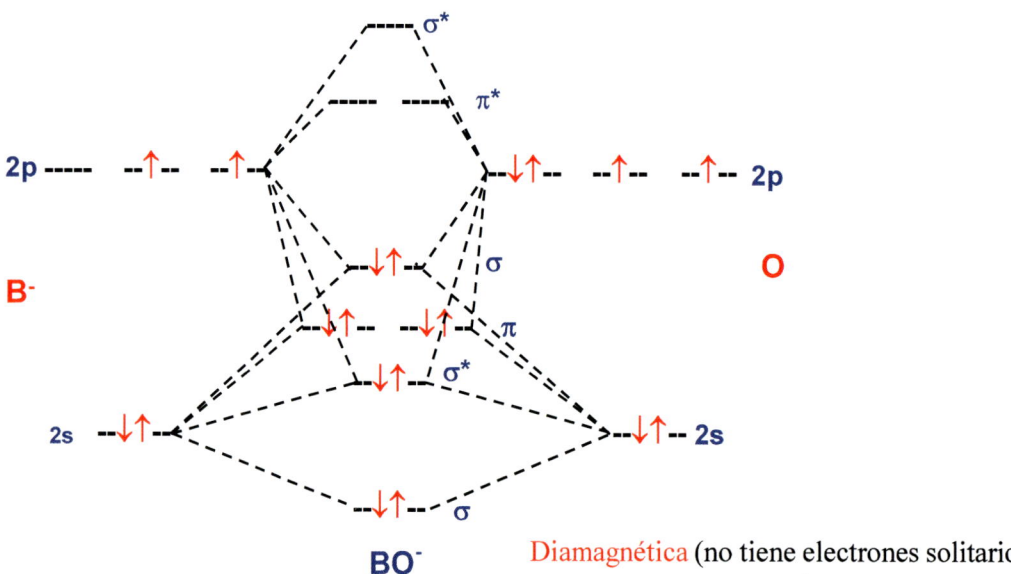

Paramagnética (1 electrón solitario)

$$\textbf{Orden de Enlace de } \boldsymbol{Li_2^+} = \frac{n^o \ de \ electrones \ enlazantes \ - \ n^o \ de \ electrones \ antienlazantes}{2} = \frac{1-0}{2} = 0,5$$

La molécula existe y los átomos de litio están unidos por medio enlace

b)

Diamagnética (no tiene electrones solitarios)

$$\textbf{Orden de Enlace } \boldsymbol{BO^-} = \frac{n^o \ de \ electrones \ enlazantes \ - \ n^o \ de \ electrones \ antienlazantes}{2} = \frac{6-0}{2} = 3$$

La molécula BO⁻ con un triple enlace es más estable que la molécula de **Li₂⁺**

32.- En los sopletes de acetileno (C_2H_2), que se usan para soldaduras, ocurre la siguiente reacción:

$$C_2H_{2(g)} \quad + \quad O_{2(g)} \quad \rightarrow \quad CO_{2(g)} \quad + \quad H_2O_{(g)}$$

A unas P y T dadas, Calcula:

a) El volumen total de los gases cuando reacciona 1 litro de C_2H_2 con 1 litro de O_2.

b) El volumen total de los gases cuando reacciona 1 litro de C_2H_2 con 2,5 litros de O_2.

SOLUCION

Suponemos que 1 litro, L, de cualquier gas a unas P y T dadas contiene n moles

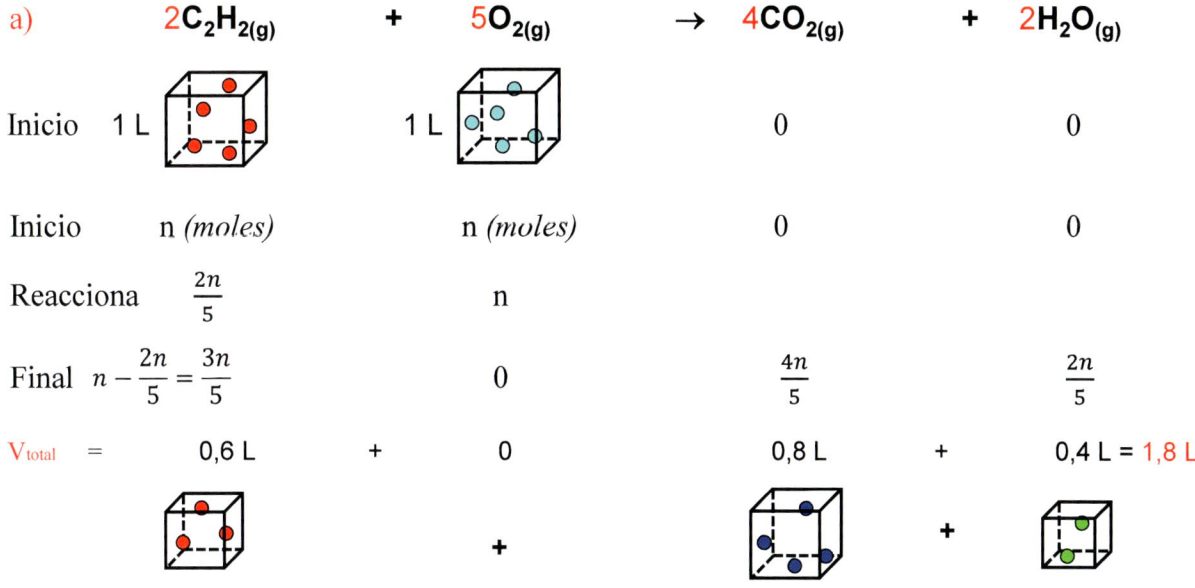

a)

	$2C_2H_{2(g)}$	$+$	$5O_{2(g)}$	$\rightarrow$	$4CO_{2(g)}$	$+$	$2H_2O_{(g)}$
Inicio	1 L		1 L		0		0
Inicio	n *(moles)*		n *(moles)*		0		0
Reacciona	$\frac{2n}{5}$		n				
Final	$n - \frac{2n}{5} = \frac{3n}{5}$		0		$\frac{4n}{5}$		$\frac{2n}{5}$
V_{total} =	0,6 L	$+$	0		0,8 L	$+$	0,4 L = 1,8 L

b) La relación de volúmenes coincide con la estequiometría de la reacción:

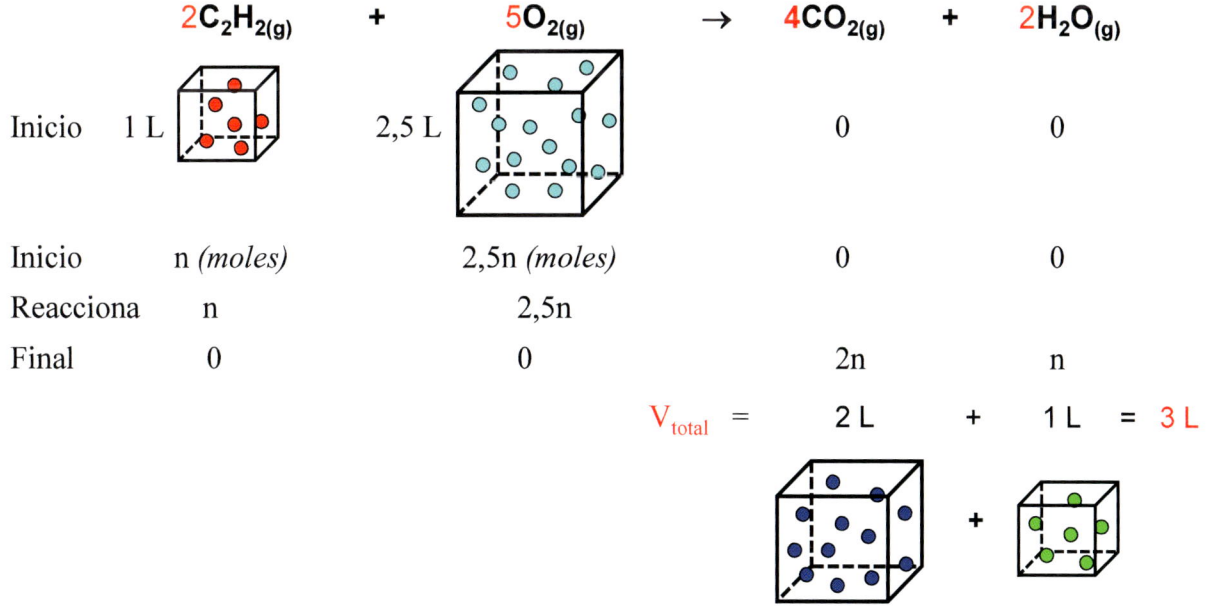

	$2C_2H_{2(g)}$	$+$	$5O_{2(g)}$	$\rightarrow$	$4CO_{2(g)}$	$+$	$2H_2O_{(g)}$
Inicio	1 L		2,5 L		0		0
Inicio	n *(moles)*		2,5n *(moles)*		0		0
Reacciona	n		2,5n				
Final	0		0		2n		n
		V_{total} =			2 L	$+$	1 L = 3 L

33.- ¿Cuál es el nº total de enlaces σ y enlaces π de las siguientes moléculas?

a) **CH₃NCO**   **H₃C-N=C=O**   6 enlaces σ y 2 enlaces π

b) **H₂CCCH₂**   **H₂C=C=CH₂**   6 enlaces σ y 2 enlaces π

c) **HSCN**   **HS-C≡N**   3 enlaces σ y 2 enlaces π

d) **CH₃CONHCH₃**   **H₃C-C-NH-CH₃**   11 enlaces σ y 1 enlace π
                                         ‖
                                         O

34.- Justifica la polaridad de las siguientes moléculas, dibujando su geometría:

a) **FCCCFH₂**   POLAR

b) **FCCCCF**   APOLAR

c) **OCCCO**   APOLAR

d) **FCCCFCH₂**   POLAR

35.- Justifica con los diagramas de orbitales moleculares las propiedades magnéticas de las moléculas H_2^{-2} y O_2^{-3}.

SOLUCION

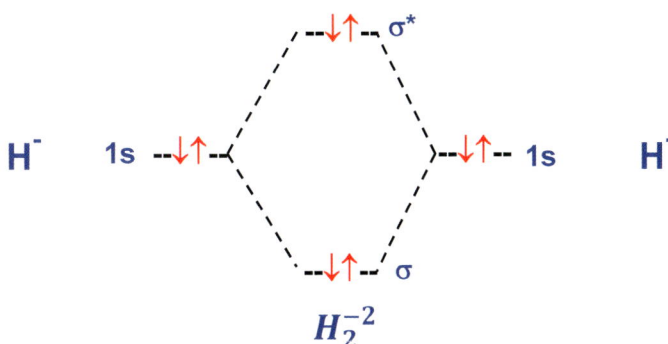

Esta molécula no existe porque tiene el mismo nº de electrones enlazantes que antienlazantes

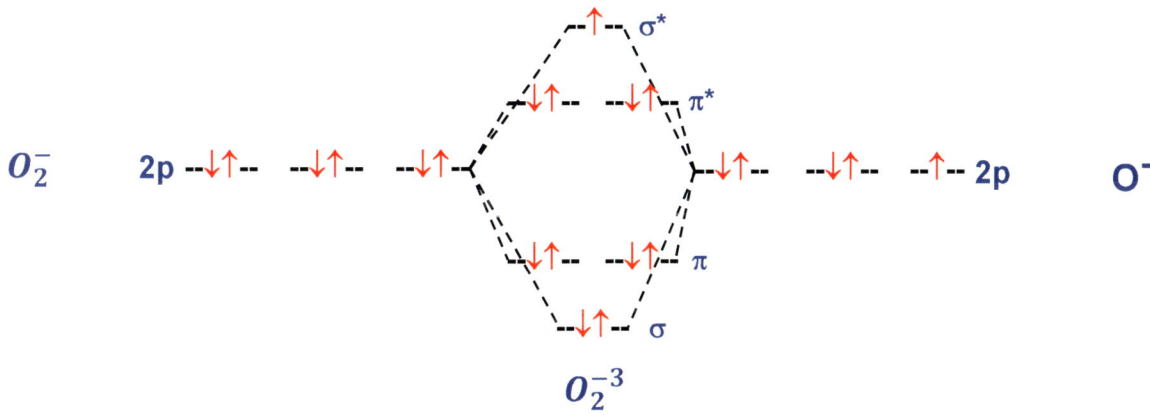

La molécula existe y es paramagnética porque tiene un electrón solitario

36.- Indica si la geometría de las siguientes moléculas, es plana, lineal o tridimensional:

a) H$_2$CCCH$_2$

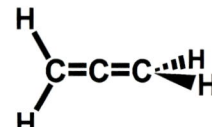

Tridimensional

b) NCCN

N≡C — C≡N

Lineal

c) XeF$_4$

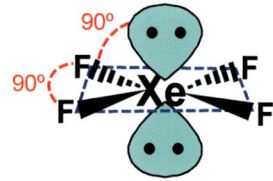

Plana

d) XeF$_2$

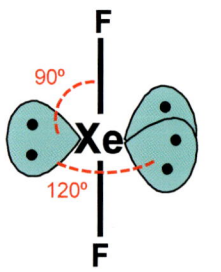

Lineal

37.- Las moléculas de las siguientes sustancias son de polaridad similar. Ordénalas por orden creciente de punto de ebullición:

a) CHCl₃

b) *cis*-BrCHCHCH₃

c) Cl₂CCH₂

d) BrClCH₂

SOLUCION

Dado que su polaridad es similar, las diferencias en los puntos de ebullición se deben a las Fuerza de London, cuya intensidad es proporcional a la masa molar:

Menor p. de Eb.   Mayor p. de Eb.

c) Cl₂CCH₂   <   a) CHCl₃   < b) *cis*-BrCHCHCH₃   <   d) BrClCH₂

38.- Densidad del dióxido de azufre, SO₂, en condiciones normales:

a) 28,6 g/L

b) 28589 mg/L

c) 2,86 mg/cm³

d) 0,0286 g/ml

SOLUCION

$$d_{SO_2} = \frac{P \cdot Masa\ molar\ del\ SO_2}{RT} = \frac{1 \cdot 64}{0,082 \cdot 273} = 2,86\ \frac{g}{L} = 2,86\ mg/cm^3$$

39.- El anión I_3^- detecta almidón al observarse un color violeta. La aparición de este color está relacionada con la geometría de dicho ion, ¿qué es?:

a) Lineal

b) Triangular Plana

c) Angular

d) Piramidal

SOLUCION

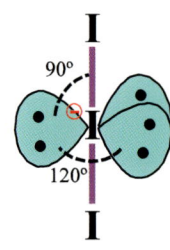

Las cadenas de amilosa del almidón forman una hélice alrededor de una cadena lineal de aniones moleculares I_3^-.

Este complejo amilosa-I_3^-, tiene un color azul oscuro intenso

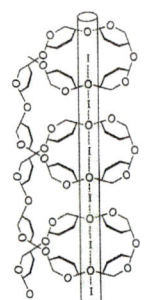

40.- ¿Cuál de las siguientes moléculas es menos soluble en agua?, indica la razón.

a)

OH

NO₂

b)

NO₂

HO

SOLUCION

La molécula menos soluble es la a), porque la formación de un Enlace de Hidrógeno intramolecular, la hace menos capaz de formar enlaces de hidrógeno con el agua para disolverse.

41.- Reacciona completamente 1 litro de N_2 con 4 litros de NH_3 gas, a presión, P y temperatura, T, constantes, y se forman 3 litros de un gas. Averigua su fórmula si los volúmenes de los reactivos están en relación estequiométrica.

SOLUCION

El Principio de Avogadro, dice que volúmenes iguales de gases diferentes, medidos a las mismas P y T, tienen el mismo nº de partículas (moles). Lo que significa, que la relación de volúmenes es la misma que la de moles, y el ajuste estequiométrico de la reacción completa será:

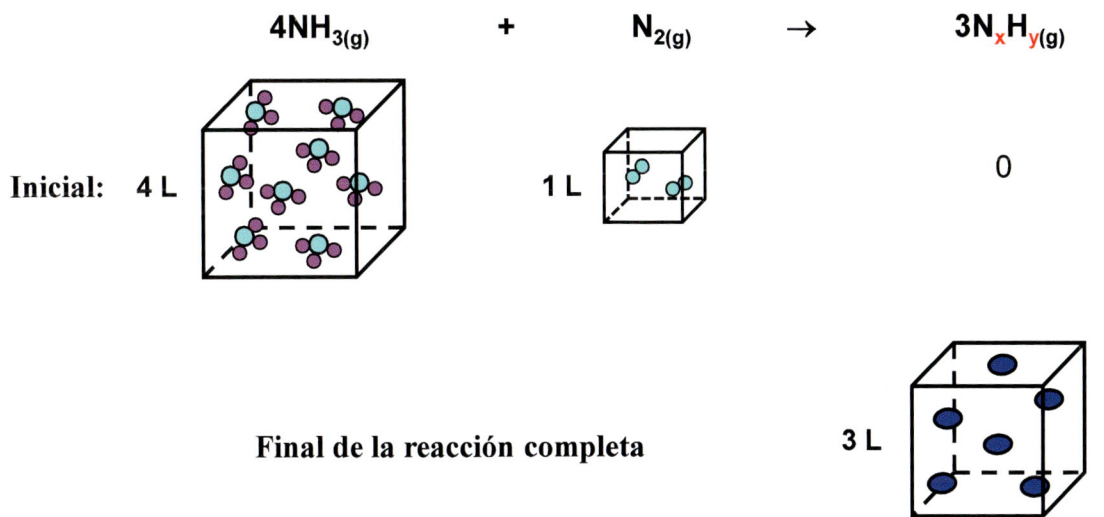

$$4NH_{3(g)} \quad + \quad N_{2(g)} \quad \rightarrow \quad 3N_xH_{y(g)}$$

Inicial: 4 L   1 L   0

Final de la reacción completa   3 L

Aplicamos la ley de conservación de la masa al nitrógeno:

3(x átomos de nitrógeno por molécula de N_xH_y) = 4·(1 átomo de nitrógeno por molécula de NH_3) + 1·(2 átomos dc nitrógeno por molécula de N_2): $3x = 4 + 2$ $x = 2$

Aplicamos la ley de conservación de la masa al hidrógeno:

3(y átomnos de hidrógeno por molécula de N_xH_y) = 4·(3 átomos de hidrógeno por molécula de NH_3): $3y = 4·3 = 12$ $y = 4$

Formula del gas: N_2H_4 *(Hidrazina)*

42.- A P y T constantes, se hacen reaccionar 1,5 litros de NH_3 con 3 litros de O_2, según la reacción:

$$NH_{3(g)} \;+\; O_{2(g)} \;\rightarrow\; NO_{(g)} \;+\; H_2O_{(g)}$$

Cuando finaliza la reacción se han formado 1,5 litros de vapor de agua. ¿Cuál es el volumen total que ocupan los reactivos?, si es que queda alguno.

SOLUCION

Suponemos que a dichas P y T, 1 litro, L, de cualquier gas contiene n moles, entonces:

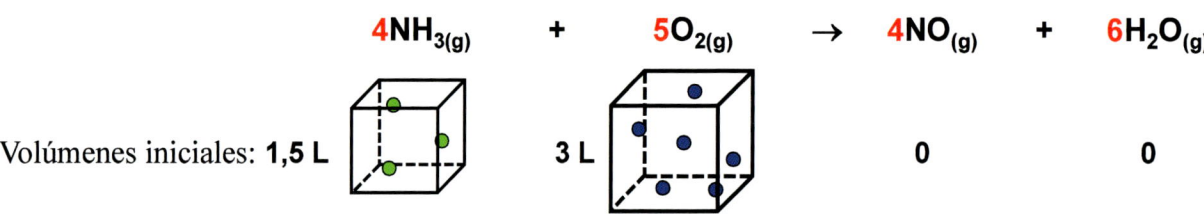

	$4NH_{3(g)}$	$+$	$5O_{2(g)}$	$\rightarrow$	$4NO_{(g)}$	$+$	$6H_2O_{(g)}$
Volúmenes iniciales: **1,5 L**			3 L		0		0
Moles iniciales:	1,5n		3n				
Moles H_2O que se forman:							1,5n
Moles de reactivos que reaccionan	$4\dfrac{1,5n}{6}$		$5\dfrac{1,5n}{6}$				
Moles totales finales:	1,5n – n		3n – 1,25n		n		1,5n
Moles finales de los reactivos:	0,5n		1,75n				

Volumen que ocupan los reactivos: 0,5 L + 1,75 L **= 2,25 L**

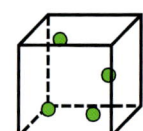

43.- ¿Cuál de estas sustancias, Br_2 y ICl, tendrá mayor punto de ebullición?. Justifica la respuesta dando dos razones.

SOLUCION

El punto de ebullición de la sustancia formada por moléculas de ICl, es 97,5 ºC, mientras el punto de ebullición del bromo líquido es 59 ºC. Esta diferencia puede explicarse por las siguientes razones:

1ª.- La molécula ICl es polar y establece interacciones dipolo-dipolo, mientras Br_2 no, por ser apolar.

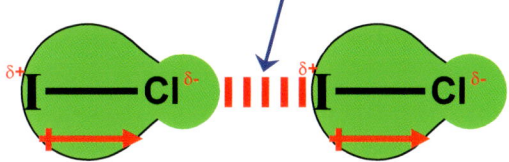

2ª.- Las fuerzas de London son más intensas entre las moléculas de ICl, por tener mayor masa molar que las moléculas de Br_2. Matemáticamente, la intensidad de esas fuerzas es proporcional a la polarizabilidad de las moléculas, la cual, a su vez, se incrementa con el nº de electrones, es decir con el tamaño de la nube electrónica, y el nº de electrones aumenta con la masa molar.

Las moléculas de ICl al tener mayor nº de electrones presentan más momentos dipolares instantáneos que se autoinducen y por tanto más interacciones atractivas entre las moléculas

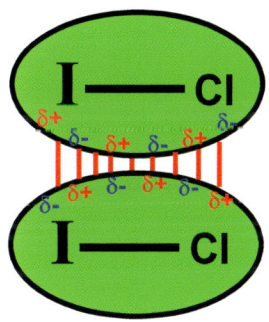

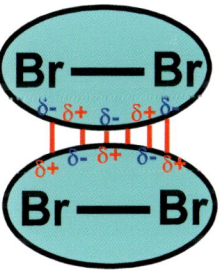

44.- Señala cuál de las siguientes moléculas es la más soluble en agua:

a) CH_3SH

b) CH_3CH_2CHO

c) $CH_3CH_2CH_2OH$

d) CH_3CH_2COOH

e) $CH_3CH_2CH_2NH_2$

f) CH_3F

SOLUCION

La más soluble es la que pueda formar el mayor nº de enlaces de hidrógeno con las moléculas de agua. Es el caso del ácido propanoico:

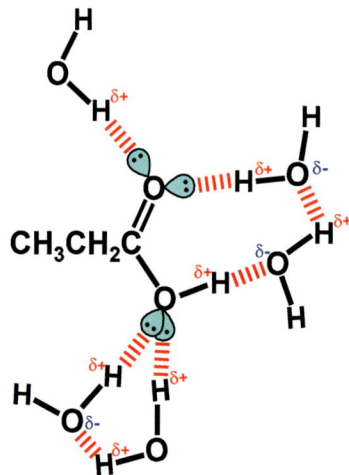

45.- Un recipiente cerrado, de volumen, presión y tª constantes, contiene el mismo número de moléculas de hidrógeno gas que de oxígeno gas. Indica **V**erdadero o **F**also a cada uno de los siguientes enunciados:

a) Chocan más moléculas de hidrógeno por unidad de tiempo contra las paredes del recipiente, que de oxígeno. **V**

b) La masa de oxígeno es 32 veces mayor que la masa de hidrógeno. **F**

c) La presión que ejerce el hidrógeno en el recipiente es mayor que la del oxígeno. **F**

d) La energía cinética media por molécula de oxígeno es la misma que por molécula de hidrógeno. **V**

46.- Justifica cuál de las siguientes moléculas es polar y cuál no, dibujando su geometría, momentos dipolares de enlace y de molécula.

a) NCCN

   APOLAR

b) F$_2$CCF(CN)

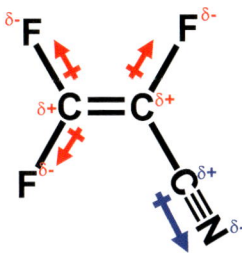   POLAR

c) PF$_3$

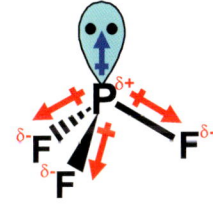   POLAR

d) OF$_2$

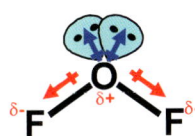   POLAR

47.- El anión I_3^- interacciona con almidón para dar un complejo de color violeta. La aparición de este color está relacionada con la geometría de dicho ion, ¿cuál es?, justifica la respuesta.

SOLUCION

Anión molecular cuyo átomo central, I^-, posee estructura de gas noble con 8 electrones de valencia, de los que utiliza 2 para formar dos enlaces sencillos, y el resto en 3 pares de electrones no enlazantes. Al átomo central lo rodean 5 grupos ricos en electrones, que al alejarse lo más posible entre sí, adoptan una disposición de bipirámide triangular con los 3 pares no enlazantes separados 120° en un plano perpendicular a los enlaces alineados. Luego la geometría el LINEAL

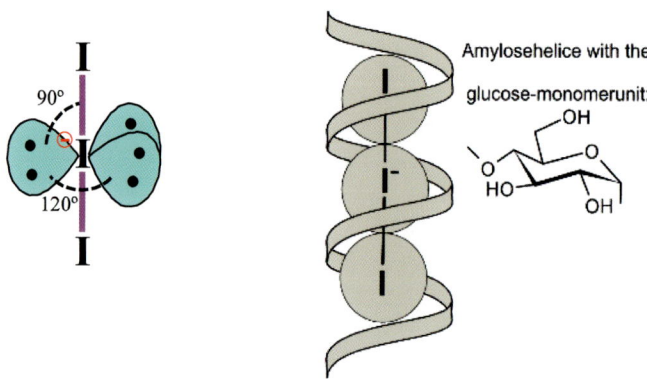

48.- ¿Qué sustancia, tiene más posibilidades de interaccionar fuertemente con la cadena lateral del aminoacido tirosina y cuál menos?

a) CH_3CHO **b)** FCH_3 **c)** $HOCH_3$ **d)** CH_2CH_2 **e)** H_3COCH_3

SOLUCION

Mayor interacción $HOCH_3$ porque forma enlaces de hidrógeno con el HO de la tirosina

Menor interacción CH_2CH_2 porque es una molécula apolar y tiene la masa molar más pequeña

49.- Dibuja el diagrama de fases del etanol, a partir de los datos:

Punto de fusión normal = − 114,5 ℃   *Punto de ebullición normal = 78,4 ℃*

T_{triple} *= − 123 ℃* P_{triple} *= 4·10⁻⁸ atm*

$T_{crítica}$ *= 241 ℃* $P_{crítica}$ *= 62,3 atm*

Y justifica la respuesta a las siguientes cuestiones:

a) ¿Sublima el etanol a presión atmosférica?. NO, *porque la máxima presión a la cual es posible la sublimación del etanol es: $P_{triple} = 4·10^{-8}$ atm*

b) ¿A partir de que tª es imposible licuar el vapor de etanol?. *A partir de la $T_{crítica} = 241\ ºC$*

c) ¿Flotaría el etanol sólido sobre el líquido?. *NO, porque la pendiente de la recta de sus puntos de fusión es positiva, ($\Delta V_{m,\ fusión} > 0$)*

d) Averigua gráficamente la presión de vapor aproximada del etanol a 150 ºC. *Sobre 10 atm*

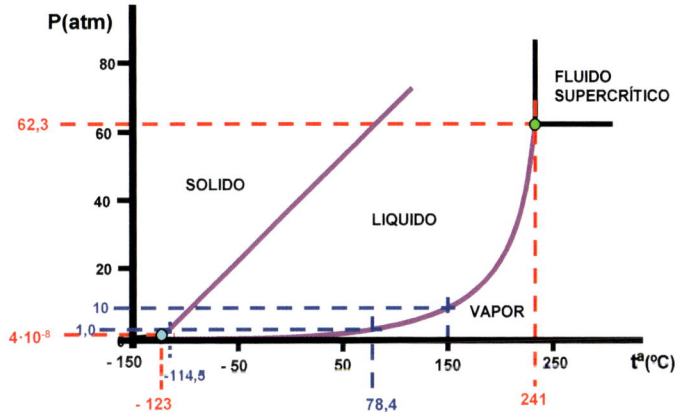

50.- Ordena las siguientes moléculas por su punto de ebullición:

a) $ClCH_2CHO$ **b)** FCH_2CHO **c)** $HOCH_2CHO$ **d)** Cl_2CHCHO **e)** Cl_3CCHO

SOLUCION

$HOCH_2CHO > Cl_3CCHO > Cl_2CHCHO > ClCH_2CHO > FCH_2CHO$

51.- Justifica cuál de los siguientes isómeros es más soluble en agua.

SOLUCION

El ácido salicílico al presentar un enlace de hidrógeno *intramolecular*, reduce el nº de enlaces de hidrógeno intermoleculares con las moléculas de agua y su solubilidad es menor que la del ácido p-hidroxibenzoico que no forma enlaces de hidrógeno intramoleculares por la lejanía de los grupos, y estos tienen absoluta disponibilidad para interaccionar libremente con las moléculas de agua.

52.- El centro del sol está formado de hidrógeno, H_2, cuya densidad es 1,4 g/cm³ y la presión $1,3 \cdot 10^9$ atm. Calcula la Energía cinética media en, kJ/mol, del H_2. *(R = 8,314 J/mol·K)*

SOLUCION

$$D = \frac{P \cdot M_m}{RT} = \frac{1,3 \cdot 10^9 \cdot 2}{0,082T} = 1400 \ ^g/_L \qquad\qquad T = 2,265 \cdot 10^7 \ K$$

$$\overline{E_{c,mol}} = \frac{3RT}{2} = \frac{3 \cdot 8,314 \cdot 10^{-3} \cdot 2,265 \cdot 10^7}{2} = 282468 \ ^{kJ}/_{mol}$$

53.- Dibuja la geometría de las siguientes moléculas, y si las tienen, una de sus formas resonantes:

a) SF$_4$

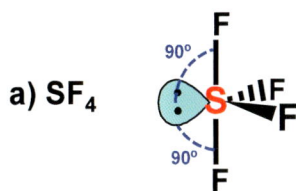

b) $^-$SCN

$$^{\ominus}S\text{-}C\equiv N \quad \longleftrightarrow \quad S=C=N^{\ominus}$$

Formas Resonantes

$$\equiv \quad ^{\delta -}S\text{---}\overset{..}{C}\equiv N^{\delta -}$$

Híbrido de Resonancia

c) $^+$NS$_2$

$$S=\overset{\oplus}{N}=S$$

d) HXeOXeH

54.- Indica de las siguientes moléculas: **NF$_3$, NH$_3$, N(CH$_3$)$_3$** y **N(CF$_3$)$_3$**.

a) La más plana: **N(CF$_3$)$_3$**   por el impedimento estérico de los voluminosos grupos **–CF$_3$**

b) La más polar: **NH$_3$**   por el mayor momento dipolar molecular

c) La menos polar: **N(CF$_3$)$_3$**   por su geometría plano-triangular con 3 sustituyentes iguales

d) La más soluble en agua: **NH$_3$** por formar enlaces de hidrógeno con el agua

55.- Ordena las siguientes sustancias por orden creciente de su punto de ebullición normal:

a) S$_8$ b) S$_2$F$_2$ c) Cl$_2$SO   d) S$_2$Cl$_2$ e) SCl$_2$

SOLUCION

El punto de ebullición de estas moléculas depende básicamente de su masa molar, es decir, de la fuerzas de London, ya que ninguna puede formar enlaces de hidrógeno consigo mismas y son poco polares.

$$S_2F_2 \ < \ SCl_2 \ < \ Cl_2SO \ < \ S_2Cl_2 \ < \ S_8$$

56.- A partir de diagramas de orbitales moleculares averigua el orden de enlace y las propiedades magnéticas de las moléculas: N_2^{-2} y N_2^{-4}, si es que existen.

SOLUCION

Paramagnética con 2 electrones solitarios

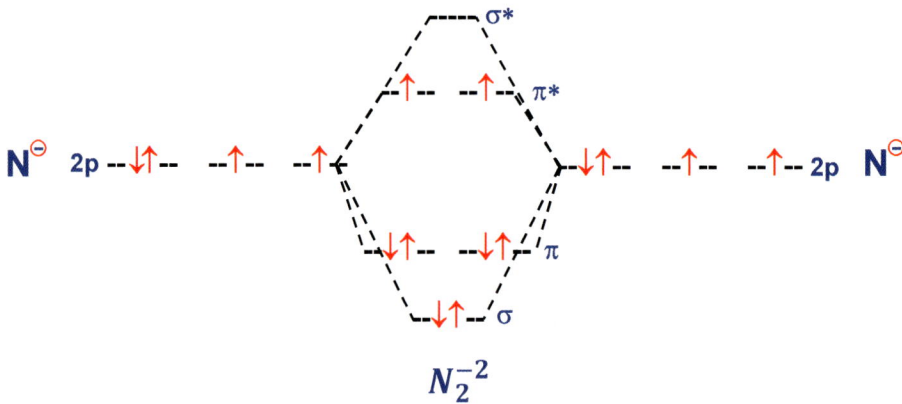

$$N_2^{-2}$$

$$Orden\ de\ enlace = \frac{n^o\ de\ electrones\ enlazantes - n^o\ de\ electrones\ antienlazantes}{2} = \frac{6-2}{2} = 2$$

Diamagnética ningún electrón solitario

$$N_2^{-4}$$

$$Orden\ de\ enlace = \frac{n^o\ de\ electrones\ enlazantes - n^o\ de\ electrones\ antienlazantes}{2} = \frac{6-4}{2} = 1$$

57.- Dibuja el diagrama de fases del agua pesada (**D₂O**), a partir de los datos:

(P. de fusión normal = 3,8 °C, P. de ebullición normal = 101,4 °C, T_{triple} = 3,83 °C, P_{triple} = 0,0065 atm, P_{vapor} a 25°C = 0,027 atm, $T_{crítica}$ = 371 °C y $P_{crítica}$ = 214 atm)

Y justifica la respuesta a las siguientes cuestiones a partir del gráfico que has confeccionado:

a) ¿Puede sublimar el agua pesada a 10^{-3} atm?. SI, porque 10^{-3} atm $<$ P_{triple} = 6,5·10^{-3} atm

b) ¿A partir de que tª es imposible licuar el vapor de agua pesada?. A una tª $>$ tª$_{crítica}$ = 371 °C

c) ¿Flotaría el hielo de agua pesada sobre su líquido?. SI, porque la recta de los puntos de fusión tiene una pendiente negativa

d) ¿Cuál es, aproximadamente, la presión de vapor del agua pesada a 50 °C?. Un valor comprendido entre $P_v^{25°C}$ y 1 atm, aproximadamente, según el grafico, 0,1 atm

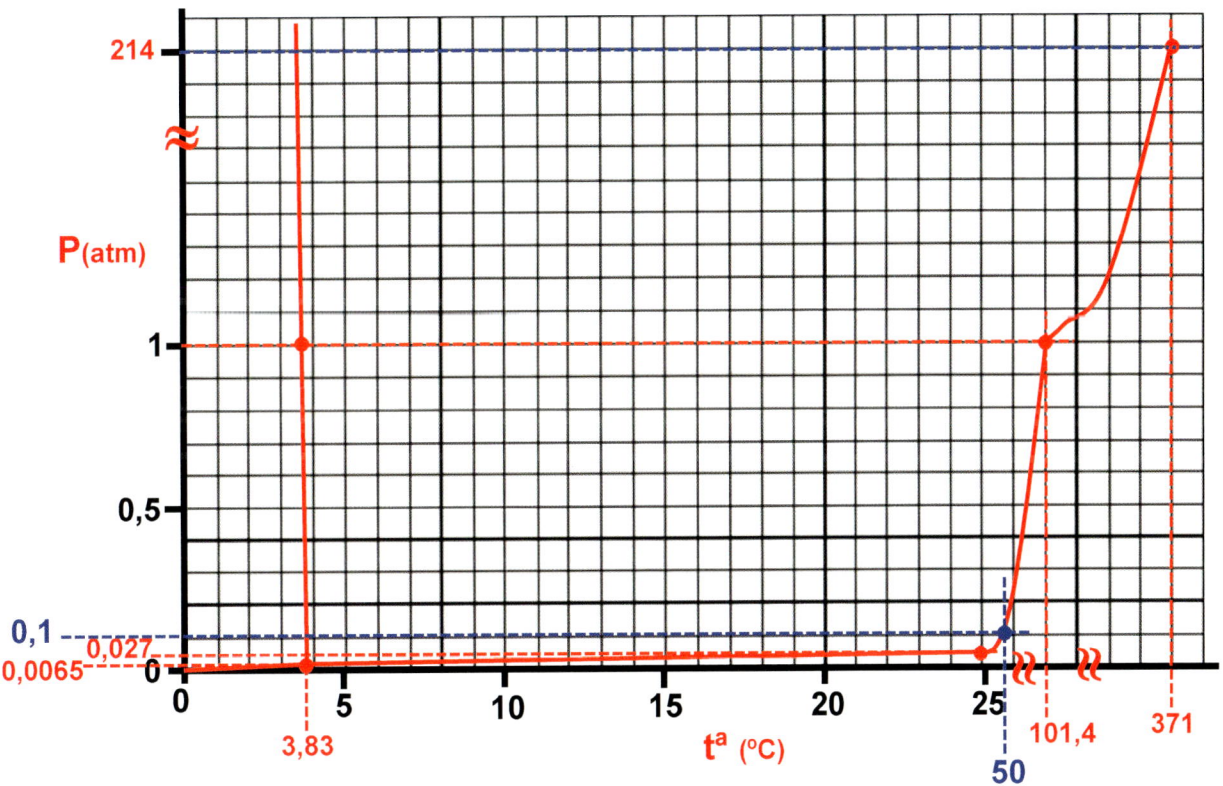

1.- El punto de congelación de una disolución acuosa 0,5 molal en SO_4HK es - 1,86 °C. ¿Cuál de las siguientes ecuaciones representa mejor lo que sucede al disolver $SO_4HK_{(s)}$ en agua?. (K_c = 1,86 °C·kg/mol).

a) $SO_4HK_{(s)} \rightarrow SO_4HK_{(aq)}$

b) $SO_4HK_{(s)} \rightarrow SO_4H^-_{(aq)} + K^+_{(aq)}$

c) $SO_4HK_{(s)} \rightarrow SO_4^=_{(aq)} + K^+_{(aq)} + H^+_{(aq)}$

SOLUCION

$\Delta T_c = - i \cdot K_c m$ $- 1,86 - 0 = - i \cdot 1,86 \cdot 0,5$

$i = 2$ partículas formadas por unidad-fórmula disuelta

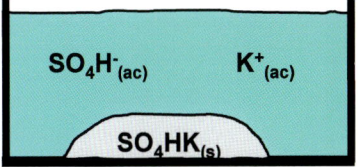

2.- Indica cuál de los siguientes líquidos tiene la menor tensión superficial y cuál la mayor.

a) Pentano   **b)** Agua   **c)** Mercurio   **d)** Etanol

SOLUCION

La tensión superficial de un líquido es proporcional a la intensidad de las fuerzas entre las moléculas, átomos o iones de que está constituido. En este caso el mercurio es el líquido que tiene la mayor tensión superficial porque sus átomos están unidos por un enlace químico metálico muy fuerte.

Por el contrario, el pentano es el líquido con la menor tensión superficial porque la interacción responsable de cohesionar sus moléculas, son las denominadas fuerzas intermoleculares de London, que son más débiles que los enlaces de hidrógeno del agua y el etanol líquidos.

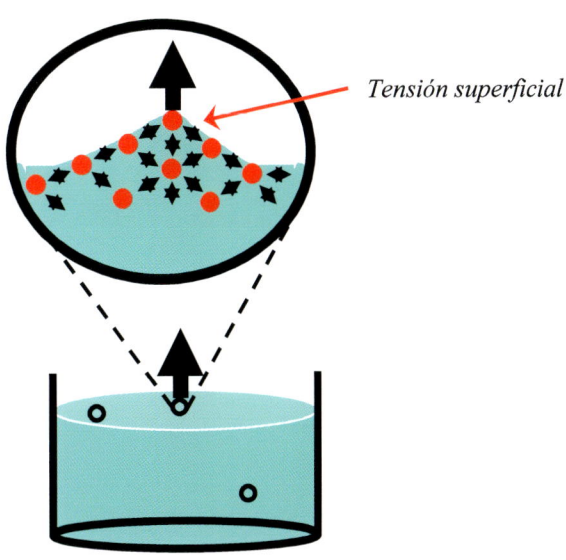

3.- ¿Cuál es el índice de coordinación, IC, del catión en los siguientes yoduros sólidos?, y ¿por qué?.

a) RaI_2 **b)** AuI **c)** AuI_3

(Radios iónicos: $Au^+ = 1{,}37 \, Å$; $Au^{+3} = 0{,}85 \, Å$; $Ra^{+2} = 1{,}84 \, Å$ y $I^- = 2{,}2 \, Å$)

SOLUCION

a) $\dfrac{r_{catión}}{R_{anión}} = \dfrac{1{,}84}{2{,}2} = 0{,}836 > 0{,}7$

Estructura tipo **CsCl**, el catión ocupa huecos cúbicos, luego su IC = 8

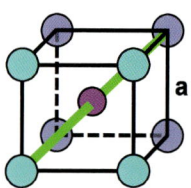 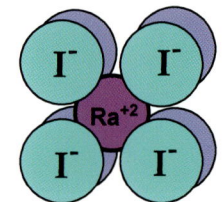

b) $\dfrac{r_{catión}}{R_{anión}} = \dfrac{1{,}37}{2{,}2} = 0{,}623$,   valor comprendido entre 0,4 y 0,7.

Estructura tipo **NaCl**, el catión ocupa huecos octaédricos, IC = 6

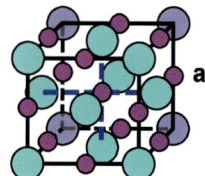 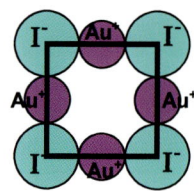

c) $\dfrac{r_{catión}}{R_{anión}} = \dfrac{0{,}85}{2{,}2} = 0{,}386 < 0{,}4$

Estructura tipo blenda, **ZnS**, el catión ocupa huecos tetraédricos, IC = 4

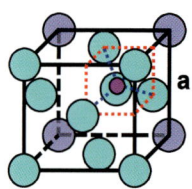 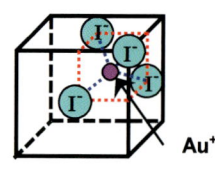

CUESTIONES ILUSTRADAS DE QUÍMICA

4.- A la vista del diagrama de fases del Helio:

  a) Identifica los puntos triples

  b) Define el helio superfluido.

  a)

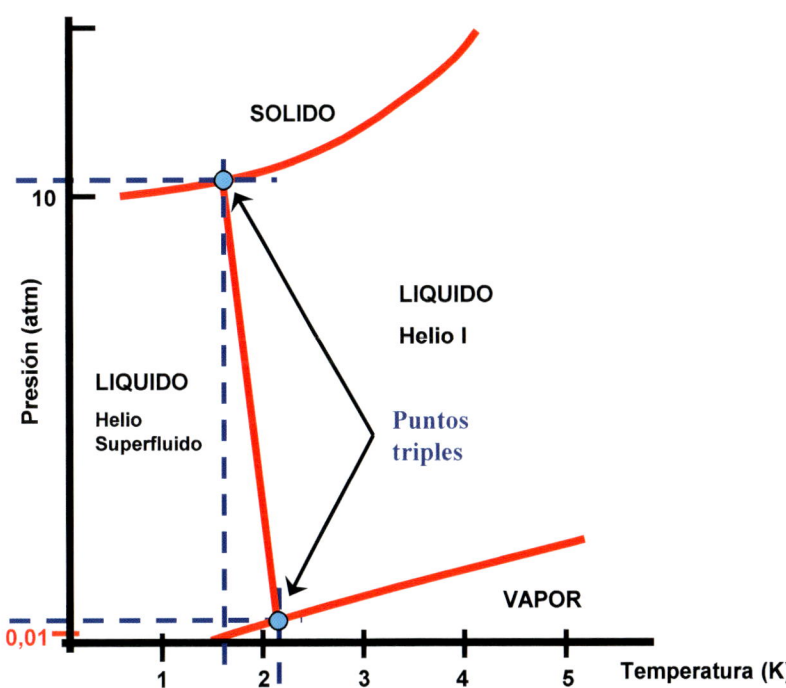

b) Helio líquido que carece de coeficiente de viscosidad y fluye sin rozamiento, se trata de un efecto cuántico.

5.- Indica como mejorar el rendimiento de obtención de urea a partir del equilibrio:

$$2NH_{3(l)} \; + \; CO_{2(g)} \; \leftrightarrows \; (NH_2)_2CO_{(s)} \; + \; H_2O_{(g)} \qquad \Delta H^\circ = -49{,}82 \text{ kJ/mol}$$

La reacción tiene como constante de equilibrio la siguiente expresión: $K_{eq} = \dfrac{P_{H_2O}}{P_{CO_2}}$

  a) Bajando la temperatura porque la reacción es exotérmica

  b) Condensando el vapor de agua

  c) Inyectando CO_2

6.- Determina la estequiometría de los siguientes óxidos y justifica el índice de coordinación del catión, IC.

a) Oxido de Magnesio   *(Radios iónicos: $Mg^{+2} = 0,72\ \text{Å}$; $Ba^{+2} = 1,36\ \text{Å}$ y $O^{-2} = 1,4\ \text{Å}$)*

b) Oxido de Bario

SOLUCION

a) $\dfrac{r_{catión}}{R_{anión}} = \dfrac{0,72}{1,4} = 0,51$, valor comprendido entre 0,4 y 0,7.

El óxido cristaliza con estructura tipo NaCl, por tanto, el IC del Mg^{+2} es 6, y la fórmula del óxido, MgO

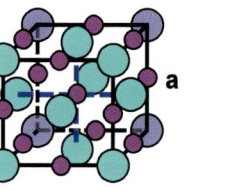 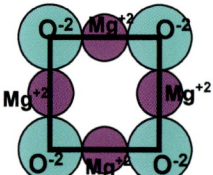

b) $\dfrac{r_{catión}}{R_{anión}} = \dfrac{1,36}{1,4} = 0,97 > 0,7$

El óxido cristaliza con estructura tipo CsCl, por tanto, el IC del Ba^{+2} es 8, y la fórmula del óxido, BaO

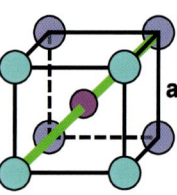 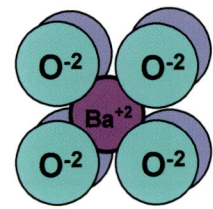

7.- El isotopo radioactivo ^{131}I tiene un tiempo de vida media de 8 días. Si después de un accidente en una central nuclear se liberan 120 mg de ese isótopo, dentro de 40 días quedarán:

a) 30,25 mg   b) 12,75 mg   c) 7,50 mg   d) 3,75 mg

SOLUCION

40 días equivale a 5 veces el tiempo de vida media, $t_{1/2}$. Por tanto, al cabo de 40 días la masa que queda de isótopo ^{131}I es:

$$mg\ de\ isótopo\ al\ cabo\ de\ 40\ días = \frac{mg\ iniciales}{2^n} = \frac{mg\ iniciales}{2^5} = \frac{120}{32} = 3,75$$

Siendo n el nº de veces que ha transcurrido el tiempo de vida media, $t_{1/2}$

8.- Determina la estequiometría del siguiente óxido de titanio y calcio, cuya celdilla unidad es la de la figura, y justifica el índice de coordinación de los cationes.

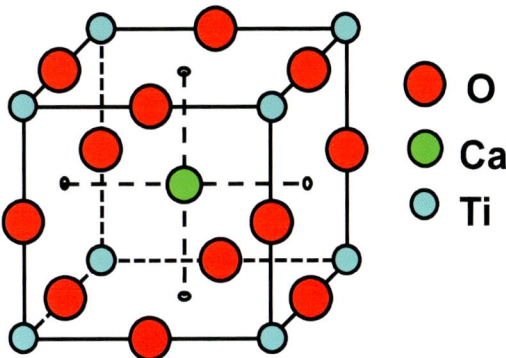

Según la celdilla unidad cúbica del dibujo:

Hay 1 átomo de calcio, Ca, en el centro del cubo que le pertenece íntegramente a la celdilla.

Hay 12 átomos de oxígeno, O, en las aristas, pero solo ¼ de cada átomo pertenece a la celdilla; como hay 12 aristas: 12/4 = 3 átomos de O que contiene cada celdilla.

Hay 8 átomos de titanio, Ti, en los vértices, pero solo 1/8 de cada átomo pertenece a la celdilla; como hay 8 vértices: 8/8 = 1 átomo de Ti que contiene cada celdilla.

A partir del nº de átomos que contiene íntegramente la celdilla deducimos la estequiometría del compuesto: $TiCaO_3$

El Ca^{+2} ocupa un hueco en el que los átomos más próximos que le rodean son 12 átomos de oxígeno, luego IC = 12

El Ti^{+4} ocupa huecos en el que los átomos más próximos que le rodean son 6 átomos de oxígeno, luego IC = 6

9.- A partir de los datos del fosgeno, $COCl_2$, dibuja aproximadamente su diagrama de fases

Punto de fusión normal = - 118 ºC

Punto de ebullición normal = 8 ºC

Temperatura del punto crítico = 182 ºC

Presión del punto crítico = 5,7·10⁶ Pa

Temperatura del punto triple = - 128 ºC

Presión del punto triple = 1 Pa

a) ¿En qué estado se encuentra el fosgeno a 0 ºC y 1 atm?

b) ¿A partir de que temperatura es imposible licuarlo? y ¿por qué?.

SOLUCION

a) La fase más estable es un líquido

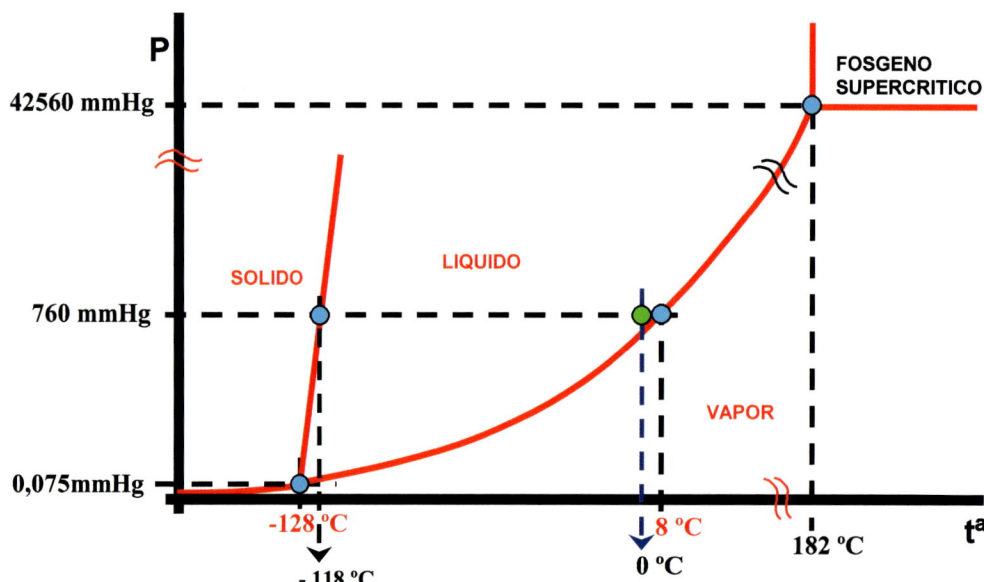

b) A partir de su $T_{crítica}$, 182 ºC, si aumentamos la presión nunca obtenemos un líquido, sino un fluido supercrítico.

10.- ¿En qué época del año una fuga del gas tóxico fosgeno provocaría una mayor contaminación de las aguas naturales, en verano o en invierno, suponiendo que el gas no reacciona con el agua?.
SOLUCION

El balance de energía química de todo proceso de disolución, ΔG_{dis}, comprende:

ΔH_{dis}: variación de energía calorífica, a la que contribuye:

- Energía absorbida para romper los enlaces o las fuerza intermoleculares del disolvente, con objeto, de crear huecos donde acomodar las moléculas de soluto: $\Delta H_{romper\ interacciones\ del\ disolvente}$

- Energía absorbida para romper los enlaces o las interacciones intermoleculares del soluto, para disgregarlo en sus componentes estables más pequeños: $\Delta H_{romper\ interacciones\ del\ soluto}$

- Energía liberada en la formación de interacciones entre las moléculas de soluto y de disolvente: $\Delta H_{formar\ interacciones\ disolvente-soluto}$

$$\Delta H_{dis} = \Delta H_{romper\ interacciones\ del\ disolvente} + \Delta H_{romper\ interacciones\ del\ soluto} + \Delta H_{formar\ interacciones\ disolvente-soluto}$$

ΔS_{dis}: variación de desorden o entropía implicada en la disolución, que consta de 3 componentes:

- Entropía de las moléculas de disolvente: $S_{disolvente}$
- Entropía de las moléculas de soluto: S_{soluto}
- Entropía de la mezcla de disolvente y soluto: $S_{disolvente-soluto}$

$$\Delta S_{dis} = S_{disolvente-soluto} - (S_{soluto} + S_{disolvente})$$

Para que una disolución ocurra espontáneamente es preciso que:

$$\Delta G_{dis} = \Delta H_{dis} - T \cdot \Delta S_{dis} < 0$$

Esta ecuación predice que una disolución se ve más favorecida cuando $\Delta H_{dis} < 0$ y $\Delta S_{dis} > 0$

Para valorar la espontaneidad de la disolución de un gas no reactivo en agua, evaluaremos el valor de cada término de la ecuación.

ΔH_{dis}:
Se absorberá energía para romper los enlaces de hidrógeno entre las moléculas de agua:

$$\Delta H_{enlaces\ de\ hidrógeno\ del\ agua} \gg 0$$

Considerando al soluto un gas ideal, no habrá interacciones intermoleculares:

$$\Delta H_{interacciones\ intermoleculares\ del\ gas} \approx 0$$

Cuando las moléculas del gas se disuelven forman interacciones intermoleculares con el agua, pero estas serán más débiles en general, que los enlaces de hidrógeno que hay que romper en el agua: $\Delta H_{interacciones\ agua-gas} < 0$

$$\Delta H_{dis} = \Delta H_{enlaces\ de\ hidrógeno\ del\ agua} + 0 + \Delta H_{interacciones\ agua-gas} > 0 \qquad \text{pero un valor pequeño}$$

ΔS_{dis}:
Las moléculas de agua tendrán un cierto desorden: $S_{agua\ líquida} > 0$
Los gases en condiciones estándar tienen un elevadísimo grado de desorden: $S_{gas\ ideal} \ggg 0$
La mezcla de agua y gas disuelto tiene un desorden mayor que el agua pura pero mucho menor que el de un gas: $S_{agua-gas} \gg 0$

$$\Delta S_{dis} = S_{agua-gas} - (S_{agua} + S_{gas}) \ll 0$$

A partir de estas observaciones: $\Delta G_{dis} = \Delta H_{dis} - T \cdot \Delta S_{dis} \gg 0$

La forma de conseguir que $\Delta G_{dis} < 0$, es decir que la disolución sea espontánea, es bajando la temperatura, por tanto, en invierno los gases son más solubles en agua.

11.- A partir de los siguientes datos del cloro, Cl_2, dibuja aproximadamente su diagrama de fases:

Punto de fusión normal = – 101 °C   **Punto de ebullición normal = – 34 °C,**

Temperatura del punto triple = – 103 °C   **Presion del punto triple = 1054 Pa**

a) ¿En qué estado físico se encontrará el cloro si se libera en invierno en Siberia a – 50 °C?.

b) ¿Qué le ocurriría a los océanos de cloro, de un hipotético planeta muy frío, cuando comenzaran a congelarse?.

SOLUCION

a) A 1 atm y – 50 °C, el gas se convertirá inmediatamente en un líquido, y difundirá como una fina niebla verdosa.

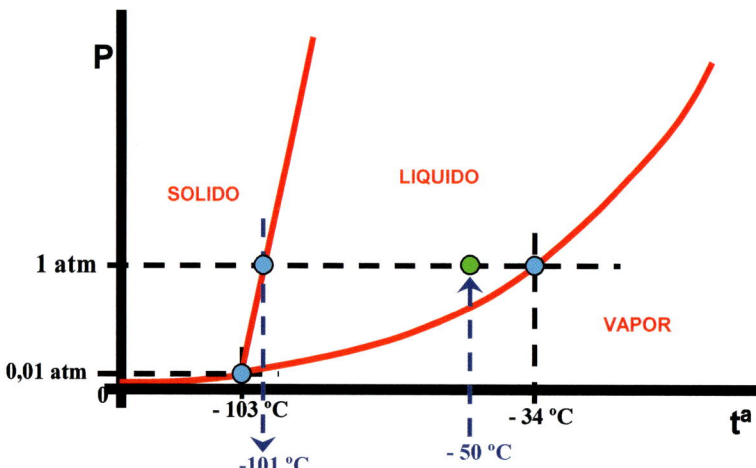

b) Los océanos de cloro se congelarían por completo desde el fondo hasta la superficie, predicción basada en la expresión de la pendiente de las rectas de los puntos de fusión de cualquier sustancia pura:

$$Pendiente\ recta\ puntos\ de\ fusión = \frac{\Delta H_{fusión}}{V_{molar\ del\ líquido} - V_{molar\ del\ sólido}} = \frac{\Delta H_{fusión}}{\Delta V_{molar}}$$

En toda transición sólido-líquido $\Delta H_{fusión} > 0$, y en la inmensa mayoría de las sustancias puras el sólido es más denso que el líquido, es decir: $V_{molar\ del\ líquido} > V_{molar\ del\ sólido}$

Por lo que $\dfrac{\Delta H_{fusión}}{\Delta V_{molar}} > 0$, y la pendiente de la recta sería positiva.

El caso del agua por el contrario es muy excepcional, ya que es casi la única sustancia pura en la que el sólido es menos denso que el líquido, es decir: $V_{molar\ del\ agua\ líquida} < V_{molar\ del\ hielo}$

En este caso, $\dfrac{\Delta H_{fusión}}{\Delta V_{molar}} < 0$, y la pendiente de la recta de los puntos de fusión del agua sería negativa.

12.- La nitramida se descompone según la reacción: $NO_2NH_2 \rightarrow N_2O + H_2O$

Se cree que el mecanismo de la reacción por etapas elementales, es:

$$1^a)\ NO_2NH_2 \leftrightarrows H_2O_2 + N_2 \quad \text{(equilibrio rápido)}$$

$$2^a)\ H_2O_2 \leftrightarrows H_2O + O \quad \text{(equilibrio rápido)}$$

$$3^a)\ O + N_2 \rightarrow N_2O \quad \text{(Lenta)}$$

Deduce la ley de velocidad de la reacción.

SOLUCION

En la ley de velocidad de una reacción, solo pueden aparecer sus reactivo/s y/o sus producto/s, y siempre se deduce, a partir de la ecuación de velocidad de la etapa elemental más lenta de su mecanismo, al ejercer un *efecto de cuello de botella*, que marca la cinética global de toda la reacción: $v_3 = k_3[O][N_2]$

Por tanto, los átomos de oxígeno, O, y las moléculas de N_2, no pueden aparecer en la ley de velocidad de la reacción. Para eliminarlos en v_3, hacemos uso de las constantes de pseudoequilibrio de las etapas elementales (1) y (2)

$$K_1 = \frac{[H_2O_2][N_2]}{[NO_2NH_2]} \qquad\qquad [N_2] = \frac{K_1[NO_2NH_2]}{[H_2O_2]}$$

$$K_2 = \frac{[H_2O][O]}{[H_2O_2]} \qquad\qquad [O] = \frac{K_2[H_2O_2]}{[H_2O]}$$

$$\color{red} v_{reacción} = v_3 = k_3\left(K_2\frac{[H_2O_2]}{[H_2O]}\right)[N_2] = k_3\left(K_2\frac{[H_2O_2]}{[H_2O]}\right)\left(K_1\frac{[NO_2NH_2]}{[H_2O_2]}\right)$$

$$\color{red} v_{reacción} = k_3 K_1 K_2 \frac{[NO_2NH_2]}{[H_2O]} = k_{reacción}\frac{[NO_2NH_2]}{[H_2O]}$$

13.- En una disolución con un soluto volátil, demuestra que:

$$P^o_{v,disolvente} = \left(\frac{1 - Y_s}{Y_s}\right) P^o_{v,soluto} \qquad si \quad X_{soluto} = X_{disolvente}$$

SOLUCION

Ley de Raoult: $P_{v,disolvente} = X_{disolvente} P^o_{v,disolvente}$ $\qquad\qquad$ $P_{v,soluto} = X_{soluto} P^o_{v,soluto}$

Ley de Dalton: $Y_{disolvente} P_T = X_{disolvente} P^o_{v,disolvente}$ $\qquad\qquad$ $Y_{soluto} P_T = X_{soluto} P^o_{v,soluto}$

Dividimos una ecuación por otra

$$\frac{Y_{disolvente}}{Y_{soluto}} = \frac{X_{disolvente} P^o_{v,disolvente}}{X_{soluto} P^o_{v,soluto}} \qquad\qquad X_{soluto} = X_{disolvente} \qquad\qquad Y_{disolvente} + Y_{soluto} = 1$$

$$P^o_{v,disolvente} = P^o_{v,soluto} \left(\frac{1 - Y_{soluto}}{Y_{soluto}}\right)$$

14.- A y B son 2 disoluciones del mismo volumen preparadas mezclando el mismo volumen de agua con los mismos moles de solutos diferentes y a la misma temperatura. Indica Verdadero o Falso, para las siguientes afirmaciones:

a) Ambas disoluciones tienen la misma presión de vapor. **V**

b) Ambas disoluciones tienen el mismo punto de ebullición. **V**

c) Ambas disoluciones tienen la misma densidad. **F**

d) Ambas disoluciones tienen el mismo % (p/p). **F**

e) Ambas disoluciones tienen la misma Molaridad. **V**

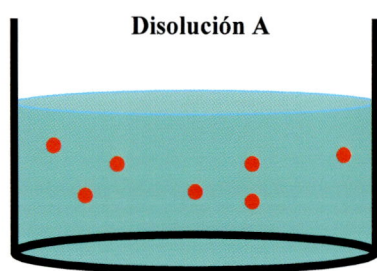

Disolución A

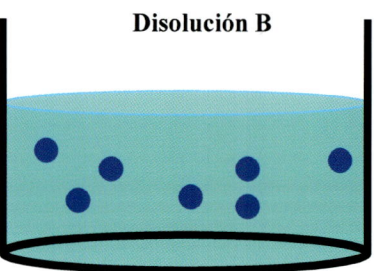

Disolución B

15.- Deduce la ley de velocidad y el orden global de la reacción: **CO + Cl$_2$ → Cl$_2$CO**
Si el mecanismo de reacción, por etapas elementales, propuesto es:

$$1^a) \; Cl_2 \rightleftharpoons Cl + Cl \qquad\qquad \text{(equilibrio rápido)}$$

$$2^a) \; CO + Cl \rightleftharpoons ClCO \qquad\qquad \text{(equilibrio rápido)}$$

$$3^a) \; ClCO + Cl_2 \rightarrow Cl_2CO + Cl \qquad \text{(Lenta)}$$

$$4^a) \; Cl + Cl \rightarrow Cl_2$$

SOLUCION

La 1ª etapa es un equilibrio: $\quad K_{e,1} = \dfrac{[Cl]^2}{[Cl_2]}$ $\qquad\qquad\qquad [Cl] = \sqrt{K_{e,1}[Cl_2]}$

La 2ª etapa también es un equilibrio: $\quad K_{e,2} = \dfrac{[ClCO]}{[CO][Cl]}$ $\qquad [ClCO] = K_{e,2}[CO][Cl]$

La Ley de velocidad de la reacción se deduce a partir de la etapa lenta, que es la que limita la cinética de la reacción global.

Ecuación de velocidad de la etapa lenta: $v_3 = k_3[ClCO][Cl_2]$

$$v_3 = k_3 \cdot K_{e,2}[CO]\left(\sqrt{K_{e,1}[Cl_2]}\right)[Cl_2] = k[CO]\sqrt{[Cl_2]^3}$$

En la ley de velocidad de la reacción no aparecen las especies intermediarias. Estas las sustituimos haciendo uso de las expresiones de las constantes de equilibrio de las primeras etapas.

$v_{reacción} = v_3 = k_3 \cdot K_{e,2}[CO][Cl][Cl_2]$ $\qquad\qquad$ Orden $= 1 + 3/2 = 5/2$

16.- El punto de congelación de una disolución 0,05 m del alumbre, Al(NH$_4$)(SO$_4$)$_2$, es $-$ 0,37 °C. ¿Cuál de las siguientes ecuaciones representa mejor lo que sucede al disolver dicho alumbre en agua?

a) Al(NH$_4$)(SO$_4$)$_{2(s)}$ + agua → NH$_4^+{}_{(ac)}$ + Al(SO$_4$)$_2^-{}_{(ac)}$

b) Al(NH$_4$)(SO$_4$)$_{2(s)}$ + agua → NH$_4^+{}_{(ac)}$ + Al(SO$_4$)$^+{}_{(ac)}$ + SO$_4^{-2}{}_{(ac)}$

c) Al(NH$_4$)(SO$_4$)$_{2(s)}$ + agua → NH$_4^+{}_{(ac)}$ + Al(OH)$_2^+{}_{(ac)}$ + 2HSO$_4^-{}_{(ac)}$

d) Al(NH$_4$)(SO$_4$)$_{2(s)}$ + agua → NH$_{3(ac)}$ + Al(OH)$_2^+{}_{(ac)}$ + 2HSO$_4^-{}_{(ac)}$ + H$_3$O$^+{}_{(ac)}$

SOLUCION

$\Delta t^a{}_c = - \, i \cdot K_c \cdot m$ $\qquad \Rightarrow \qquad$ $- \, 0,37 = - \, i \cdot 1,86 \cdot 0,05$ $\qquad \Rightarrow \qquad$ $i \approx 4$

Es decir, que por cada unidad-fórmula de alumbre disuelta en agua se liberan 4 partículas.

17.- A partir de los siguientes datos del bromo, Br_2, dibuja aproximadamente su diagrama de fases:

Punto de ebullición normal: 59 °C   **Punto de fusión normal: - 7,2 °C**

Punto triple: - 7,3 °C y 40 mmHg   **Punto crítico: 320 °C y 100 atm**

a) ¿A partir de qué presión es imposible vaporizar el bromo líquido?.

b) ¿Cuál es la fase más estable en condiciones normales?.

c) ¿Qué cambios de fase ocurren cuando el Br_2 a 0,25 atm pasa de - 8 °C a 60 °C?.

SOLUCION

a) Para una Presión > $P_{crítica}$, es decir 100 atm

b) A 0 °C y 1 atm la fase más estable es la líquida

c) Sólido → Líquido → Vapor

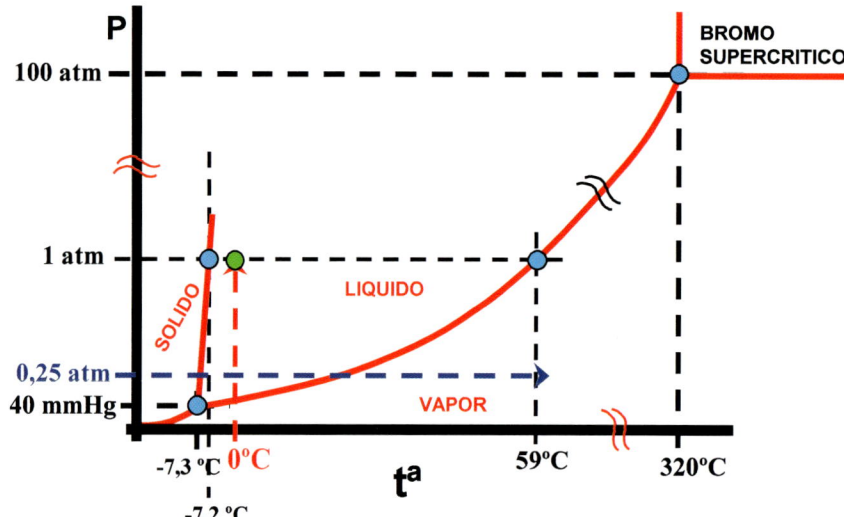

18.- A partir de los siguientes datos del metano, CH_4, dibuja su diagrama de fases:

Punto de fusión normal: - 182 °C   **Punto de ebullición normal: - 161,5 °C**

Temperatura crítica: - 82,6 °C   **Presión crítica: 45,4 atm**

Temperatura del punto triple: - 182,5 °C   **Presión del punto triple: 0,115 atm**

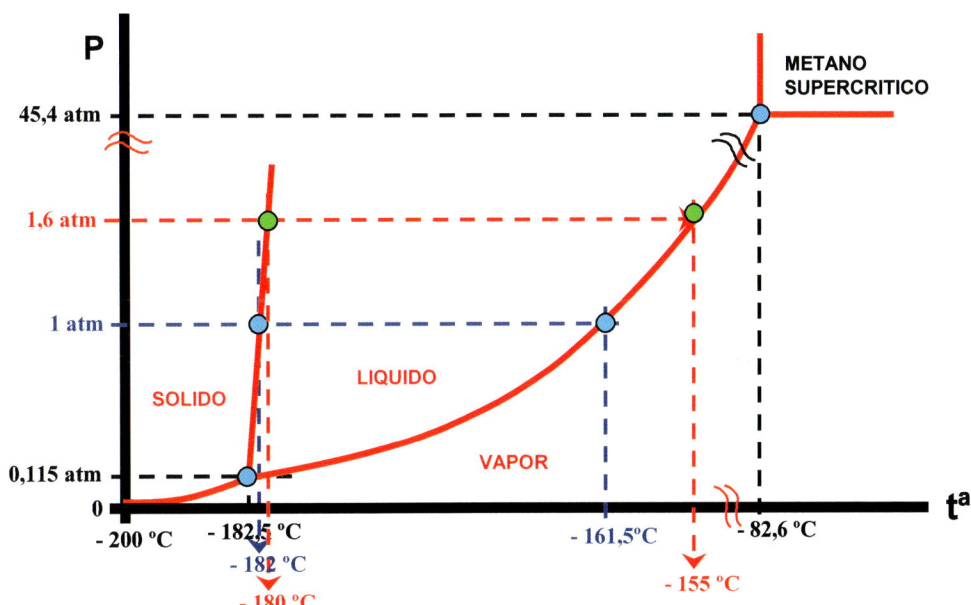

La Atmósfera de la luna Titán de Saturno, muy rica en metano, tiene una temperatura media en la superficie de **- 178 °C** y una presión atmosférica en la superficie de 1,6 atm. A partir del diagrama de fases del metano contesta:

a) ¿A qué temperatura, tª, comenzará a nevar metano en la superficie de Titán?

b) ¿Podrían verse flotar icebergs de metano en los mares de metano de Titán?.

c) ¿Qué tª mínima, aproximadamente, debería alcanzar la superficie de Titán para que sus mares se evaporasen por completo?.

d) La tª media en la tierra es aproximadamente de 15 °C. ¿Si la atmosfera terrestre fuese también rica en metano, sería posible observar metano líquido?.

SOLUCION

a) Aproximadamente a – 180 °C.

b) No, porque la pendiente de la recta de los puntos de fusión es positiva, lo que quiere decir que el metano sólido es más denso que el líquido, y los posibles icebergs al formarse se hundirían en los mares de metano, acabando los mares por ser un bloque sólido.

c) Aproximadamente – 155 °C.

d) No, porque 15 °C es una tª muy superior a – 161,5 °C, punto de ebullición del metano a 1 atm.

19.- ¿Cuál de los mecanismos propuestos para la siguiente reacción, será mas coherente?

$$2ICl + H_2 + h\nu \rightarrow I_2 + 2HCl$$

Etapas elementales del 1º mecanismo:

1ª) $H_2 + h\nu \rightarrow H + H$

2ª) $ICl + H \rightarrow I + HCl$ (lenta)

3ª) $ICl + H \rightarrow I + HCl$

4ª) $I + I \rightarrow I_2$

Etapas elementales del 2º mecanismo:

1ª) $ICl + h\nu \rightarrow I + Cl$

2ª) $ICl + I \rightarrow I_2 + Cl$

3ª) $Cl + H_2 \rightarrow H + HCl$ (lenta)

4ª) $H + Cl \rightarrow HCl$

SOLUCION

La reacción se inicia cuando un fotón, $h\nu$, golpea, bien a la molécula H_2, o bien, a la molécula ICl. Ambas moléculas tienen polaridad similar, sin embargo, el enlace de la molécula **I — Cl** es más largo y más débil que el enlace de la molécula **H-H**. Esto quiere decir, que la molécula ICl tiene mayor probabilidad de romperse, cuando es golpeada por un fotón, que la molécula H_2. Por lo tanto, el mecanismo más coherente es el 2º.

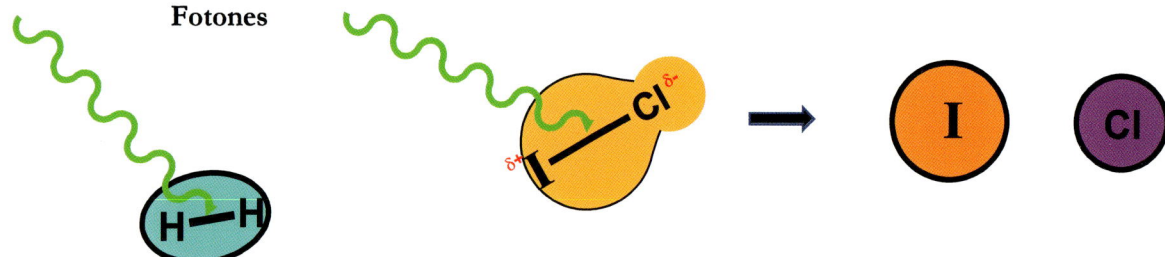

20.- A la vista de la siguiente figura, contesta:

a) ¿Qué tipo de mezcla es? y ¿Por qué?.

b) Justifica cuál es el componente menos volátil de la mezcla

c) ¿Cuál es la máxima riqueza en metanol que podemos conseguir destilando la mezcla?

SOLUCION

a) Es una mezcla real porque tiene un azeótropo. Un azeótropo es una mezcla dada en la que las curvas de composición de la fase vapor y la fase líquida se cortan. Este punto de corte puede tener un punto de ebullición menor o mayor que cualquiera de los componentes puros, de modo que ya no se puede seguir enriqueciendo el destilado. Esto ocurre cuando las fuerzas intermoleculares de los componentes puros son muy diferentes a las fuerzas intermoleculares entre ellos cuando se mezclan.

b) El benceno porque tiene el mayor punto de ebullición de los dos, aproximadamente 80 ºC.

c) Debido al azeótropo el destilado con la máxima riqueza en metanol, que es posible obtener, es del 60 % en moles.

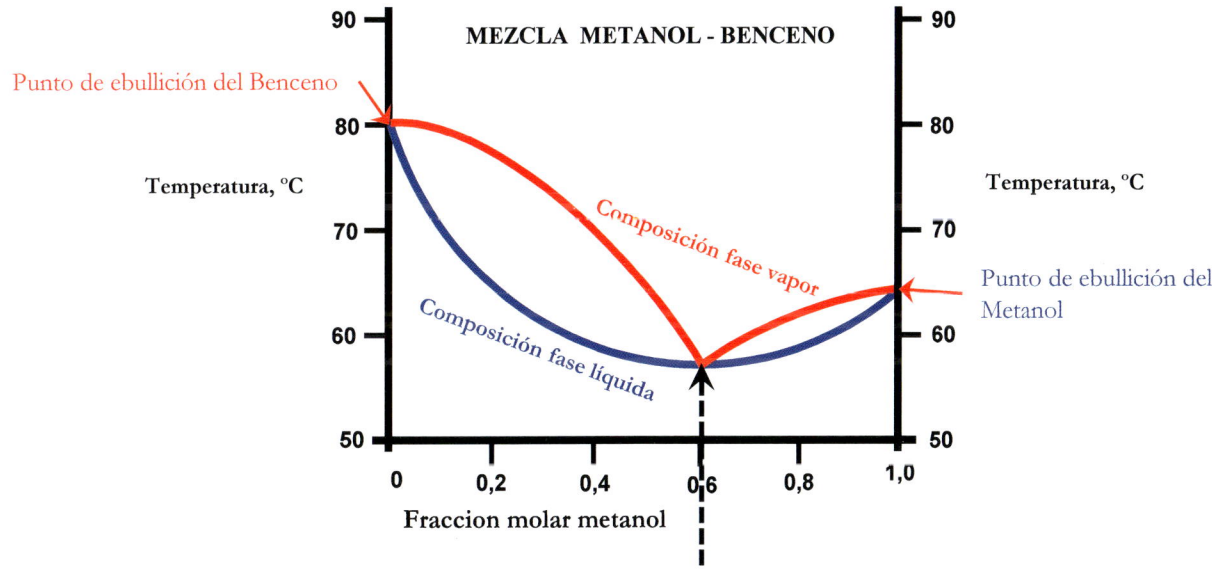

21.- La liofilización consiste en deshidratar, por sublimación, muestras sensibles al calor. Dibuja el diagrama de fases del agua y traza sobre él, las etapas para liofilizar un alimento que inicialmente está en condiciones estándar.

SOLUCION

1º.- Congelar el alimento a 1 atm

2º.- Bajar la presión a una temperatura inferior a 0 ºC, hasta provocar la sublimación del hielo formado en las muestras.

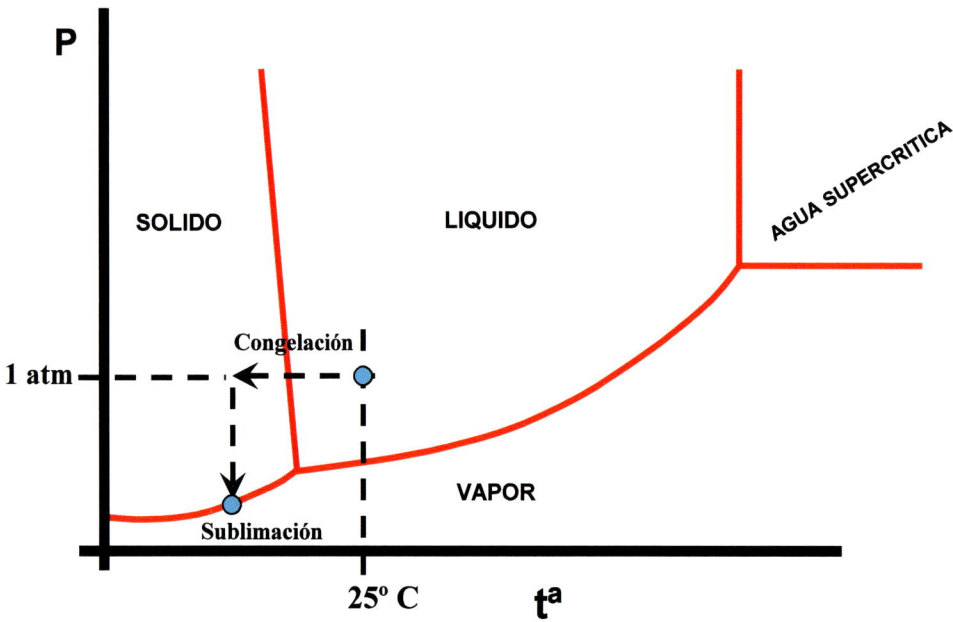

22.- La reacción de degradación del DDT en el suelo es de 1º orden y su tiempo de vida media, $t_{1/2}$, es de 2,8 años. Deduce los años necesarios para que desaparezca el 96,875 % del DDT inicial.

SOLUCION

Cuando transcurre el $t_{1/2}$ desaparece el 50 % del DDT inicial

Cuando transcurre un tiempo $2 \cdot t_{1/2}$, ha desaparecido el 75 % del DDT inicial

Cuando transcurre un tiempo $3 \cdot t_{1/2}$, ha desaparecido el 87,5 % del DDT inicial

Cuando transcurre un tiempo $4 \cdot t_{1/2}$, ha desaparecido el 93,75 % del DDT inicial

Cuando transcurre un tiempo $5 \cdot t_{1/2}$, ha desaparecido el 96,875 % del DDT inicial

Por tanto, se necesita que transcurra un tiempo 5 veces superior al tiempo de vida media:

Tiempo = 5·2,8 = 14 años

23.- A partir del siguiente mecanismo, escribe la reacción global, averigua el orden y justifica cuál es la etapa lenta si su ley de velocidad es:

$$v = k[NO_2]\left(\frac{[O_3]}{[O_2]}\right)^2$$

1ª) $NO_2 + h\nu \rightleftharpoons NO + O$ $\qquad K_{e1} = \frac{[NO][O]}{[NO_2]}$

2ª) $O + O_3 \rightleftharpoons O_2 + O_2$ $\qquad K_{e2} = \frac{[O_2]^2}{[O][O_3]}$

3ª) $NO + O_3 \rightleftharpoons NO_2 + O_2$ $\qquad$ (lenta)

SOLUCION

La reacción global es la suma de las 3 etapas del mecanismo: $\mathbf{2O_3} \overset{h\nu}{\rightleftharpoons} \mathbf{3O_2}$

Partimos de la ecuación de velocidad de la etapa lenta: $v_3 = k_3[O_3][NO]$

Sustituimos la especie intermediaria, NO, a partir de la K_{e1} de la 1ª etapa: $[NO] = \frac{[NO_2]K_{e1}}{[O]}$

$v_3 = k_3[O_3][NO] = k_3[O_3]\frac{[NO_2]K_{e1}}{[O]}$

Sustituimos la especie intermediaria O a partir de la K_{e2} de la 2ª etapa: $[O] = \frac{[O_2]^2}{K_{e2}[O_3]}$

$$v = v_3 = k_3[O_3]K_{e1}\left(\frac{[NO_2]}{\frac{[O_2]^2}{K_{e2}[O_3]}}\right) = k[NO_2]\left(\frac{[O_3]}{[O_2]}\right)^2 \qquad\qquad ORDEN = 1 + 2 - 2 = 1$$

24.- A 1 litro de agua se le añaden 219 g de la sal $CaCl_2 \cdot 6H_2O$. ¿Cuál sería el %(p/p) de $CaCl_2$ disuelto?

  a) 10 %   **b)** 9,1%   **c)** 18 %   **d)** 21,9 %

SOLUCION

Según la estequiometría: moles de $CaCl_2 \cdot 6H_2O$ = moles de $CaCl_2$ = 219 g/218,9 g/mol = 1

Masa de $CaCl_2$ disuelto = moles de sal·masa molar de la sal = 1 mol·110,9 g/mol = 110,9 g

$$\%\left(^p/_p\right) = 100\,\frac{g\ de\ CaCl_2}{g\ disolución} = 100\,\frac{110,9}{1219} = 9,1\ \%$$

25.- Justifica que fenómenos se observarán en las disoluciones de las siguientes situaciones:

A: La disolución 2 tiene una concentración de partículas menor que la 1, por tanto, su presión de vapor es mayor, disminuirá su volumen y aumentará el volumen de la disolución 1.

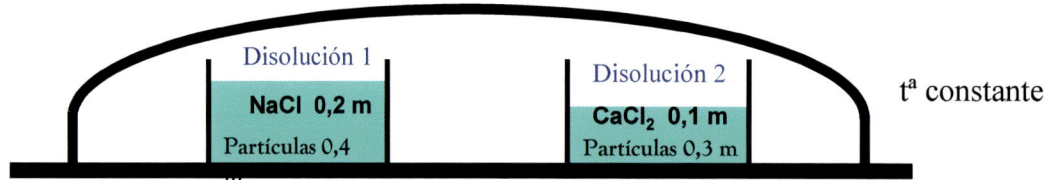

B: La disolución 1 tiene una concentración de partículas mayor que la 2, y como están separadas por una membrana semipermeable, la diferencia de presiones osmóticas provoca un flujo neto de agua de la disolución 2 hacia la 1.

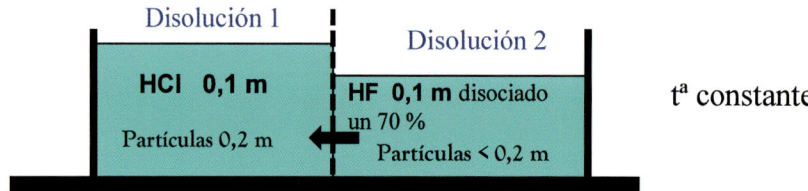

C: La presencia de partículas disueltas provoca una disminución del punto de congelación del agua. Por tanto, a 0 ºC el hielo se fundirá.

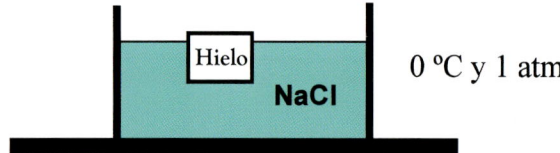

26.- Para esterilizar el material quirúrgico se introduce en un autoclave que genera una presión suficiente para que el agua de su interior hierva a 135 °C. Traza sobre el diagrama de fases del agua las etapas del autoclave, sabiendo que inicialmente el agua del autoclave estaba a 1 atm y 25 °C.

SOLUCION

Una vez cerrado herméticamente el autoclave, este actúa como una olla a presión, en el que la temperatura y la presión van aumentando de forma continúa hasta alcanzar el punto de ebullición del agua de 135 °C, que ocurre a una presión interior de, aproximadamente, 3 atm.

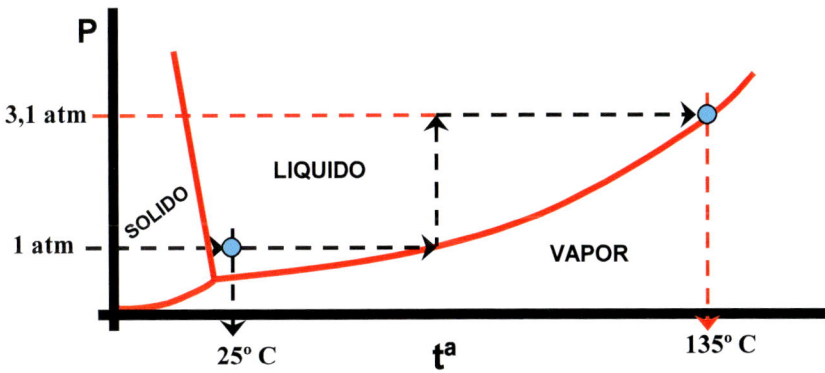

27.- Sean 2 disoluciones acuosas, una de KCl 0,1 m y otra de Fructosa 0,1 m. Indica Verdadero o Falso

a) Ambas disoluciones tienen la misma fracción molar de agua. V

b) El descenso crioscópico es mayor en la disolución de Fructosa. F

c) La presión osmótica es mayor en la disolución de Fructosa. F

d) Ambas disoluciones tienen la misma fracción molar de soluto. V

e) El descenso de la presión de vapor es mayor en la disolución de KCl. V

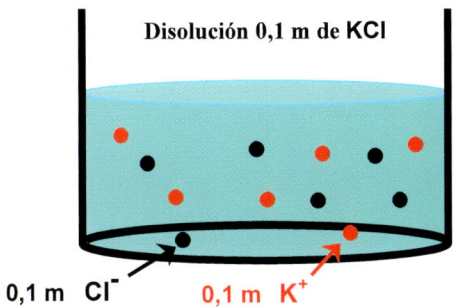

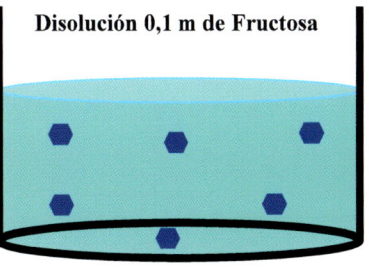

28.- El punto de congelación de las siguientes disoluciones acuosas es de – 0,86 ºC:

a) Na(ClO$_4$): 0,23 m   **b) La$_2$(SO$_4$)$_3$: 0,115 m**

Indica que sustancia se disocia en mayor nº de partículas.   (K$_c$ = 1,86 ºC·kg/mol)

SOLUCION

Aplicando la ecuación del descenso crioscópico: $\Delta t^a = - i \cdot Kc \cdot m$

a) Disolución 0,23 m de Na(ClO$_4$):   – 0,86 = – i·1,86·0,23   i = 2

    Esta sal al disolverse se disocia completamente en 2 partículas: 1 catión, Na$^+$, y 1 anión, ClO$_4^-$

b) Disolución 0,115 m de La$_2$(SO$_4$)$_3$:   – 0,86 = – i·1,86·0,115   i = 4

    La sal al disolverse no se disocia completamente en las 5 partículas que la constituyen: 2 cationes, La^{+3}, y 3 aniones, SO$_4^{-2}$.

Un valor de i < 5, significa que algunas unidades-fórmula de la sal no se han disociado o lo han hecho con un nº de partículas < 5. A pesar de ello, es la sal que se disocia en más fragmentos, con un promedio de 4 partículas por unidad-fórmula disuelta.

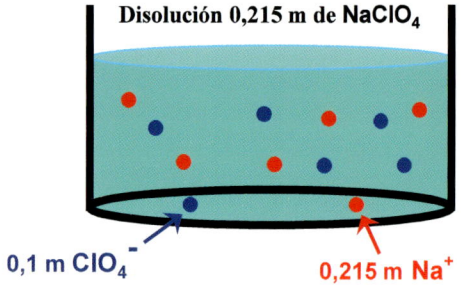

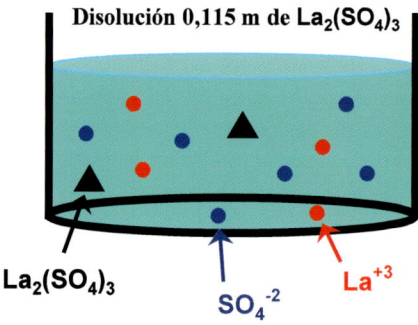

29.- Indica Verdadero o Falso a las respuestas propuestas para la afirmación, *"se puede asegurar que la reacción:*   **H$_2$ + O$_2$ ⇆ H$_2$O**,   *se encuentra en equilibrio cuando"*:

a) La velocidad de formación de H$_2$O es igual a la velocidad de formación de O$_2$. Falso

b) Las velocidades de la reacción directa e inversa son ambas iguales a cero. Falso

c) El valor de la energía química, G, de la mezcla es mínimo. Verdadero

d) Las velocidades de la reacción directa e inversa son iguales y distintas de cero. Verdadero

30.- La siguiente reacción: $2N_2O_{5(g)} \rightarrow 4NO_{2(g)} + O_{2(g)}$

Se cree que ocurre según el mecanismo:

1ª) $N_2O_5 + N_2O_5 \leftrightarrows N_2O_5^* + NO_2 + NO_3$ (equilibrio moderado)

2ª) $N_2O_5^* \leftrightarrows NO_2 + NO_3$ (equilibrio rápido)

3ª) $NO_2 + NO_3 \rightarrow NO + NO_2 + O_2$ (lenta)

4ª) $NO + NO_3 \rightarrow 2NO_2$ (rápida)

Deduce la expresión de la velocidad de la reacción. *($N_2O_5^*$ es una molécula con mucha energía).*

SOLUCION

A partir de la etapa lenta: $v_3 = k_3[NO_2][NO_3]$

Sustituimos la especie intermediaria NO_3, a partir de los pseudoequilibrios de la 1ª y 2ª etapa:

$$K_{e1} = \frac{[N_2O_5^*][NO_2][NO_3]}{[N_2O_5]^2} \qquad\qquad K_{e2} = \frac{[NO_2][NO_3]}{[N_2O_5^*]}$$

Multiplicando las constantes de ambos equilibrios: $K_{e1} \cdot K_{e2} = \left(\frac{[NO_2][NO_3]}{[N_2O_5]}\right)^2$

Despejando: $[NO_3] = \sqrt{K_{e,1} \cdot K_{e,2}} \cdot \frac{[N_2O_5]}{[NO_2]}$

y sustituyéndolo en la ecuación de la velocidad, obtenemos:

$$v = v_3 = k_3\left(\sqrt{K_{e1} \cdot K_{e2}}\right)[N_2O_5] = k[N_2O_5]$$

31.- Calcula la molalidad de una disolución acuosa que contiene 3,6 g de fructosa ($C_6H_{12}O_6$) por cada 100 g de disolución.

SOLUCION

Masa molar de la fructosa = $12 \cdot 6 + 12 \cdot 1 + 16 \cdot 6 = 180 g/mol$

Masa de agua = masa de disolución – masa de fructosa = $100 - 3,6 = 96,4$

$$m = \frac{moles\ fructosa}{Kg\ agua} = \frac{\frac{3,6}{180}}{\frac{100-3,6}{1000}} = \frac{0,02}{0,0964} = 0,21\ {}^{mol}\!/_{kg}$$

32.- ¿Cuál es la fórmula de este compuesto?

SOLUCION

Nº de átomos de xenón, Xe: $8\ en\ los\ vertices \cdot \dfrac{1}{8}$ + 1 en el interior = 1 + 1 = **2**

Nº de átomos de flúor, F: $8\ en\ las\ aristas \cdot \dfrac{1}{4}$ + 2 en el interior = 2 + 2 = **4**

Fórmula según el nº de átomos por celdilla: Xe_2F_4

Fórmula estequiométrica del compuesto: **XeF_2**

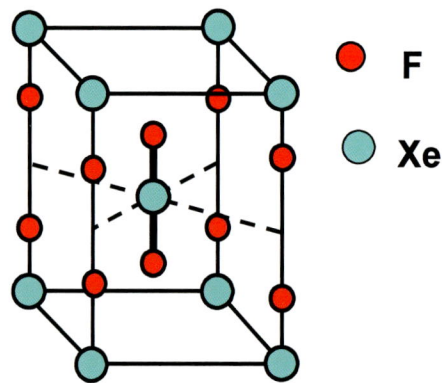

33.- Escribe la fórmula de este óxido, e indica el índice de coordinación, IC, del titanio.

SOLUCION

Nº de átomos de oxígeno, O: $4\ en\ las\ caras \cdot \dfrac{1}{2}$ + 2 en el interior = 2 + 2 = **4**

Nº de átomos de titanio, Ti: $8\ en\ los\ vértices \cdot \dfrac{1}{8}$ + 1 en el interior = 1 + 1 = **2**

Fórmula según el nº de átomos por celdilla: Ti_2O_4

Fórmula estequiométrica del óxido: **TiO_2**   I.C. del Ti: 6

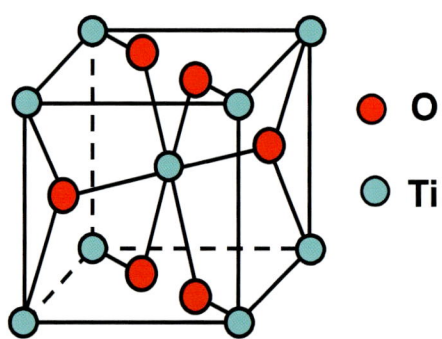

34.- Datos del xenón:

Punto de ebullición normal: - 107 ºC   **Punto de fusión normal:** - 112 ºC

Punto triple: - 121 ºC   y   280 mmHg

Dibuja su diagrama de fases y justifica cuál es más denso, el xenón sólido o el líquido.

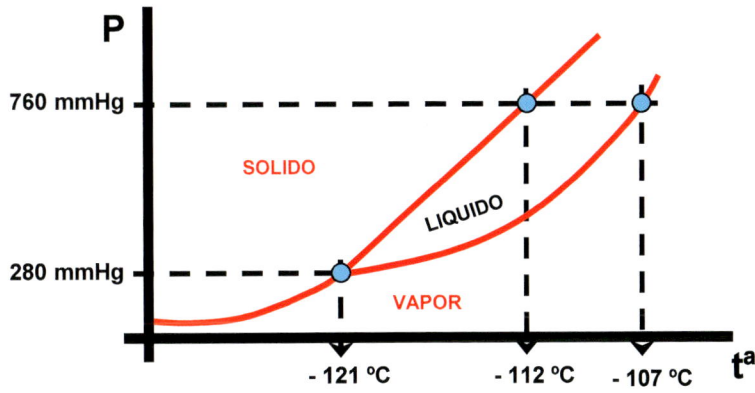

SOLUCION

Es más denso el sólido, porque la pendiente de la recta de los puntos de fusión del xenón es positiva. Una pendiente positiva significa que el volumen molar, V_{molar}, del xenón sólido es menor que el V_{molar} del xenón líquido, por lo que el sólido no flotaría sobre el líquido.

35.- Averigua la fórmula de este compuesto:

SOLUCION

Nº de átomos de cadmio, Cd: $8\ en\ las\ vértices \cdot \dfrac{1}{8} + 6\ en\ las\ caras \cdot \dfrac{1}{2} = 1 + 3 = $ **4**

Nº de átomos de teluro, Te: **4** en el interior

Fórmula según el nº de átomos por celdilla: Te_4Cd_4

Fórmula del compuesto: **TeCd**

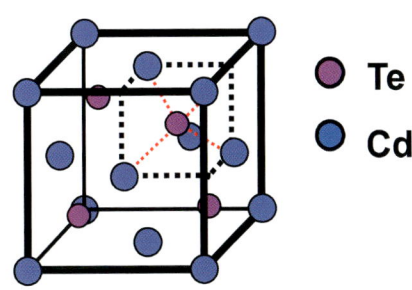

36.- Escribe la fórmula de este óxido e indica el índice de coordinación, IC, del cobre.

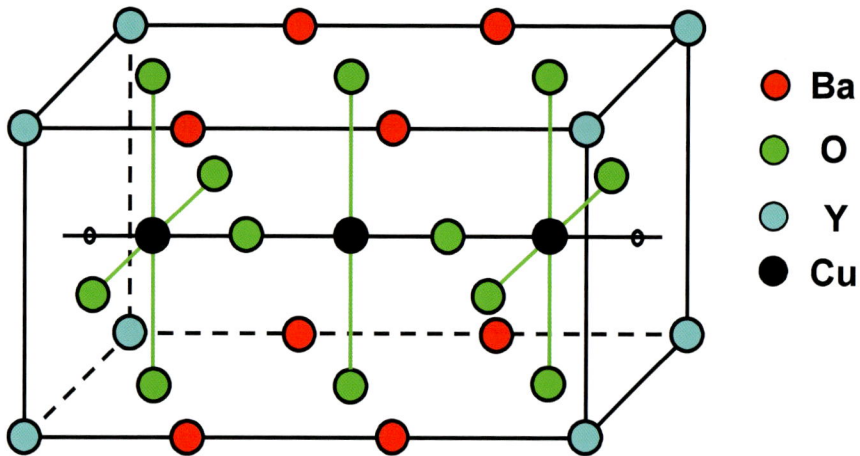

SOLUCION

Nº de átomos de bario, Ba: $8 \text{ en las aristas} \cdot \dfrac{1}{4} = \textbf{2}$

Nº de átomos de oxígeno, O: $10 \text{ en las caras} \cdot \dfrac{1}{2} = 5$ $\quad + \quad$ 2 en el interior $= 5 + 2 = \textbf{7}$

Nº de átomos de itrio, Y: $8 \text{ en los vértices} \cdot \dfrac{1}{8} = \textbf{1}$

Nº de átomos de Cu: 3 en interior $= \textbf{3}$

Fórmula según el nº de átomos por celdilla: $Ba_2O_7YCu_3$

coincide con la fórmula estequiométrica del óxido: $\textbf{Ba}_2\textbf{O}_7\textbf{YCu}_3$ $\qquad$ I.C. del Cu: 4 y 6

37.- Obtén la expresión del tiempo de vida media, $t_{1/2}$, de una reacción de 2º orden respecto al reactivo.

SOLUCION

Supongamos una reacción de un solo reactivo: $\textbf{A} \rightarrow \textbf{productos}$ $\qquad$ $v = k[A]^2 = -\dfrac{d[A]}{dt}$

$$\int_{[A]_o}^{\frac{[A]_o}{2}} \frac{d[A]}{[A]^2} = -k \int_o^{t_{1/2}} dt \quad \Rightarrow \quad \left[-\frac{1}{[A]}\right]_{[A]_o}^{\frac{[A]_o}{2}} = -k \cdot t_{1/2} \quad \Rightarrow$$

$$\frac{2}{[A]_o} - \frac{1}{[A]_o} = k \cdot t_{1/2} \quad \Rightarrow \quad t_{1/2} = \frac{1}{k[A]_o}$$

38.- Justifica, mediante la energía química implicada, el comportamiento observado en la mezcla de glicerol y acetona, en función de la temperatura.

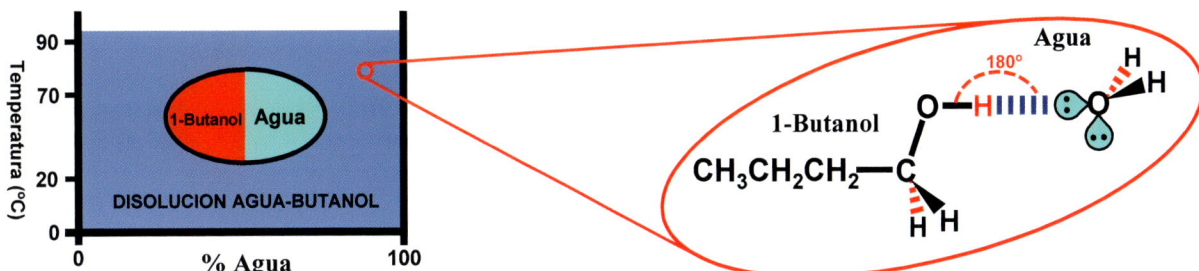

SOLUCION

El raro comportamiento macroscópico observado en mezclas de agua y 1-butanol, con fenómenos de disolución, aparición de fases y de nuevo disolución, es consecuencia de la interrelación entre energía medida a presión constante o entalpía, **H**, y desorden o entropía, **S**, y su efecto en las moléculas individuales, que buscan minimizar una magnitud conocida como energía libre de Gibbs, **G**, árbitro en última instancia, que determina la naturaleza de la fase más estable a una temperatura, **T**, dada:

$$G = H - T \cdot S$$

A baja temperatura, **T**, la variable que más afecta a la disminución de la energía libre de un sistema, es la minimización de la entalpía. Por el contrario, a elevada **T**, la que más afecta es la entropía, es decir, que los sistemas tienden a maximizar su desorden a alta **T**. Luego, todo sistema físico busca un compromiso entre una H mínima y una S máxima, siendo G quien determina lo que sucede espontáneamente.

Antes de explicar como cambia con la tª, el aspecto de una mezcla 1-butanol-agua (1:1), es necesario precisar que las moléculas de agua pueden establecer con las de 1-butanol un fuerte "enlace de hidrógeno" que las estabiliza haciendo disminuir su entalpía. Sin embargo, también disminuye su entropía, pues para que ocurra este "enlace", muy exigente direccionalmente, las moléculas deben tener una orientación muy concreta, de hecho el átomo de hidrógeno del grupo **–OH** de una de las moléculas tiene que alinearse con el par de electrones del oxígeno del grupo **–OH** de la otra, es más, tan solo un desvío de la linealidad de 10° puede romper el "enlace".

A 20 °C, el agua y el 1-butanol son miscibles, porque la disminución de entalpía ($\Delta H_{mezcla} < 0$) que produce el mencionado "enlace de hidrógeno", tiene un efecto mayor sobre la variación de la energía libre de Gibbs, que la disminución de la entropía, ($\Delta S_{mezcla} < 0$), y se forma espontáneamente una sola fase, es decir: $\Delta G_{mezcla} = \Delta H_{mezcla} - T\Delta S_{mezcla} < 0$

A la variación de entropía de la mezcla de 2 líquidos (ΔS_{mezcla}), contribuye, por un lado, la variación en los grados de libertad de las moléculas a la hora de establecer interacciones intermoleculares, que llamaremos, $\Delta S_{orientacion}$, y por otro, el propio hecho de mixturar sustancias distintas, que llamaremos, $\Delta S_{composición}$.

Cuando el "enlace de hidrógeno", que puede formarse entre moléculas distintas como el agua y el 1-butanol, es en promedio más fuerte que las interacciones intermoleculares entre moléculas iguales, la entropía de orientación que se pierde ($\Delta S_{orientación} \ll 0$) supera a la entropía de composición que se gana ($\Delta S_{composición} > 0$), es decir, que:

$$\Delta S_{mezcla} = \Delta S_{composición} + \Delta S_{orientación} < 0$$

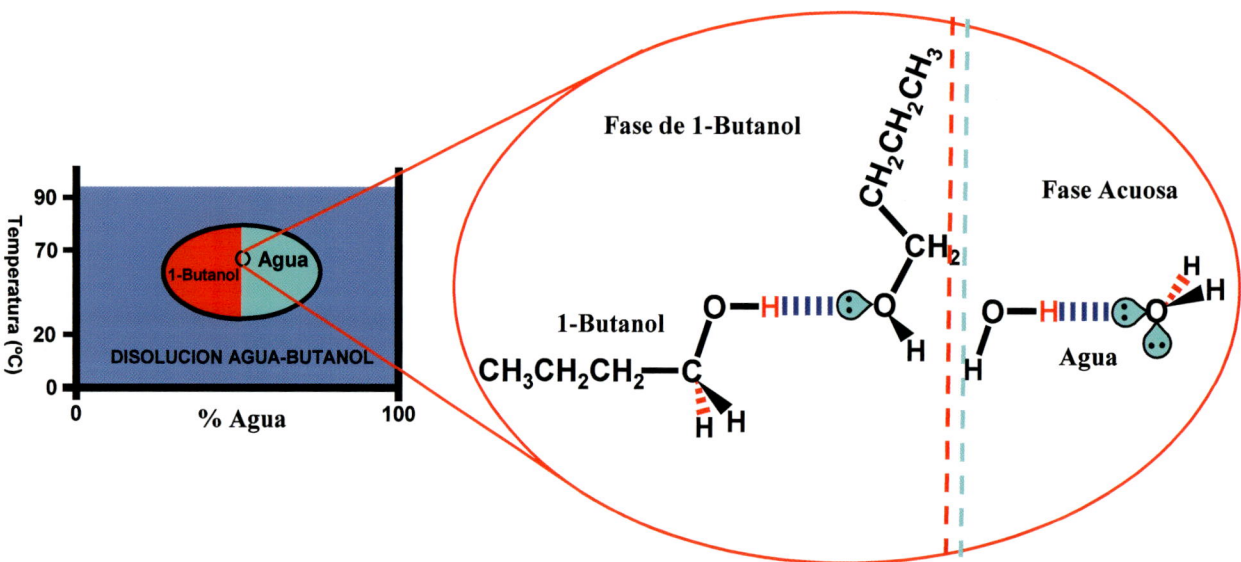

A 90 ºC, el agua y el 1-butanol, también son miscibles, porque los enlaces de hidrógeno entre moléculas distintas se debilitan mucho o ni siquiera se forman, ya que a alta tª las moléculas giran libremente y se mezclan al azar rápidamente. Esta elevada energía cinética de rotación y traslación de las moléculas provoca un aumento de la entalpía ($\Delta H_{mezcla} > 0$) de la disolución, pero también de la entropía ($\Delta S_{mezcla} > 0$), sobre todo de la entropía de orientación; pero, como **T** es elevada el valor negativo del término -TΔS_{mezcla} supera al valor positivo de ΔH_{mezcla}, y de nuevo: $\Delta G_{mezcla} = \Delta H_{mezcla} - T\Delta S_{mezcla} < 0$

Por el contrario, para un cierto intervalo de temperaturas (70 – 40 ºC), el agua y el 1-butanol, a una composición (1:1), son inmiscibles. Para estos valores intermedios de tª, el valor negativo del término -TΔS_{mezcla} no superaría al valor positivo de la entalpía ($\Delta H_{mezcla} > 0$), y:

$$\Delta G_{mezcla} = \Delta H_{mezcla} - T\Delta S_{mezcla} > 0$$

En este caso la energía libre del sistema sería menor cuando las moléculas interaccionasen con sus iguales, dando lugar a la aparición de 2 fases. El intervalo de temperaturas en el que se forman las 2 fases y la forma del anillo bifásico depende de la intensidad del "enlace de hidrógeno" entre moléculas distintas.

39.- Para la reacción: $I^-_{(ac)}$ + $ClO^-_{(ac)}$ → $IO^-_{(ac)}$ + $Cl^-_{(ac)}$

Se ha propuesto el siguiente mecanismo de etapas elementales:

1ª) ClO^- + H^+ ⇆ $HClO$ (rápida)

2ª) I^- + $HClO$ → HIO + Cl^- (lenta)

3ª) HIO → H^+ + IO^- (rápida)

Deduce la ley de velocidad de la reacción, e identifica a las especies intermediarias y al catalizador.

SOLUCION

A partir de la reacción lenta: $v_2 = k_2[I^-][HClO]$

Sustituimos [HClO] a partir de la expresión de la constante de pseudoequilibrio de la 1ª etapa:

$$K_{eq} = \frac{[HClO]}{[ClO^-][H^+]}$$

Despejamos $[HClO] = K_{eq}[ClO^-][H^+]$ y   sustituimos en la ecuación de v_2

$$v_{reacción} = k_2[I^-]K_e[ClO^-][H^+] = k_{reacción}[I^-][ClO^-][H^+]$$

Una especie intermediaria se forma en una etapa y se consumen en las siguientes, como el caso de: HClO y HIO

Un catalizador se consume en las primeras etapas y se regenera en las últimas, es el caso del H^+

40.- El isótopo $^{14}_6C$, tiene un $t_{1/2}$ de 5715 años. ¿Qué fracción queda de la cantidad inicial del isótopo en una muestra arqueológica de aproximadamente 17100 años?

a) $\dfrac{1}{8}$ b) $\dfrac{1}{6}$ c) $\dfrac{1}{4}$ d) $\dfrac{1}{3}$ e) $\dfrac{1}{2}$

SOLUCION

Si dividimos los años transcurridos entre el tiempo de vida media, $t_{1/2}$, del isótopo $^{14}_6C$, nos da el nº de veces que ha pasado el $t_{1/2}$: 17100/5715 = 3

Luego, la concentración de isótopo, $[^{14}_6C]$, que queda cuando ha pasado un tiempo igual a 3 veces su $t_{1/2}$:

$$[^{14}_6C] = [^{14}_6C]_o \left(\frac{1}{2}\right)^3 = \frac{[^{14}_6C]_o}{8}$$

41.- La densidad de una disolución acuosa 0,907 M en $Pb(NO_3)_2$ es 1,25 g/mL. Calcula el %(p/p) de la misma.

SOLUCION

1 litro de disolución pesa 1250 g

1 litro de disolución contiene la siguiente cantidad de la sal $Pb(NO_3)_2$:

$0,907 \cdot (207,2 + 2 \cdot 62) = 300$ g

$\%(p/p) = 100(300/1250) = 24\ \%$

42.- El estaño metálico blanco si permanece mucho tiempo a baja temperatura pasa a estaño gris pulverulento. ¿A qué se debe este cambio?. Solo una de las siguientes propuestas, es correcta:

a) A una oxidación por el aire.

b) A las fluctuaciones locales de la presión del aire.

c) A la modificación de la estructura cristalina.

d) A la humedad del aire.

SOLUCION

El estaño puro tiene 2 formas alotrópicas:

Estaño gris: frágil, pulverulento, no metálico, semiconductor, de estructura cúbica y estable a tª < 13,2 ºC.

Estaño Blanco: metálico, conductor eléctrico, de estructura tetragonal, más denso que el gris y estable a tª > 13,2 ºC.

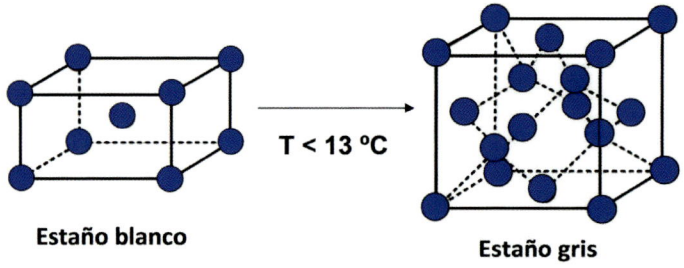

Estaño blanco — T < 13 ºC → Estaño gris

43.- Indica Verdadero o Falso a cada una de las siguientes proposiciones:

a) Las propiedades coligativas dependen del nº de partículas disueltas y de su naturaleza química. **F**

b) La fracción molar es una unidad de concentración que no depende de la temperatura, tª. **V**

c) Un gas es licuable por encima de su tª crítica. **F**

d) A la misma tª, una disolución acuosa 1 M de **NaF** y una disolución 2 M de S_8 en CS_2, tienen la misma presión osmótica, Π. **V**

e) En una disolución acuosa diluida la M ≈ m. **V**

44.- A partir del diagrama de fases del carbono, contesta a las siguientes preguntas:

a) ¿El Grafito y el Diamante qué son respecto al Carbono?.

b) ¿Cuál es la Presión mínima a la que el Grafito se convierte en Diamante?.

c) ¿Un Diamante puede sublimar?.

d) ¿Cuál es el punto de ebullición mínimo (°C) del carbono?.

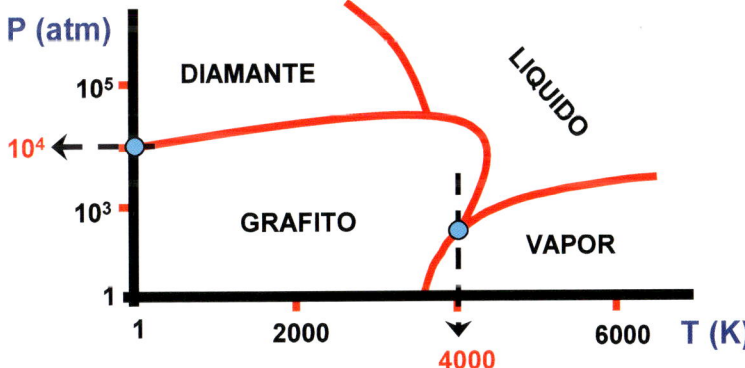

SOLUCION

a) Alótropos

b) Aproximadamente 10000 atm

c) No, porque la fase sólida del carbono, conocida como diamante, nunca está en equilibrio con el vapor de carbono.

d) Aproximadamente: 4000 – 273 = 3727 ºC

45.- Averigua las unidades de k de la siguiente reacción química:

$$NOCl \rightarrow NO + \tfrac{1}{2}Cl_2 \qquad v = k[NOCl]^2$$

Definición matemática de velocidad: $v = \dfrac{d[Reactivo]}{dt}$ $\qquad$ $unidades\ de\ v = \dfrac{mol}{L \cdot t}$

Por otra parte las unidades de $[NOCl]^2$, son: $\left(\dfrac{mol}{L}\right)^2$

Sustituimos todas las unidades en la ley de velocidad y despejamos:

$$k = \frac{v}{[\ \ ]^2} = \frac{\cancel{mol} \cdot \cancel{L^{-1}} \cdot t^{-1}}{mol^2 \cdot L^{-2}} = mol^{-1} \cdot L \cdot t^{-1} = \frac{L}{mol \cdot t}$$

46.- El componente principal de la capa conductora transparente de las pantallas táctiles es óxido de indio (III) cristalino. La celdilla unidad es cúbica centrada en caras para los iones indio (In^{+3}).

a) Calcula el nº de iones In^{+3} por celdilla:

$$N^o\ de\ In^{+3}\ por\ celdilla: 8\ en\ las\ aristas \cdot \frac{1}{8} + 6\ en\ las\ caras \cdot \frac{1}{2} = 1 + 3 = 4$$

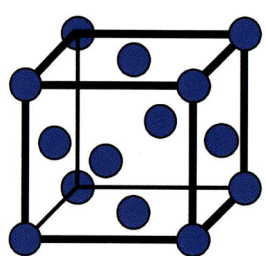

b) Deduce el nº de iones óxido, O^{-2}, por celdilla:

El óxido de fórmula In_2O_3, se forma por combinación de 2 cationes In^{+3} con 3 aniones O^{-2}. Esta relación de combinación coincide con la proporción de iones en la celdilla, y como hemos averiguado que la celdilla contiene 4 cationes In^{+3}, entonces también contiene 6 aniones O^{-2}.

47.- ¿En cuál de las siguientes condiciones, el gas en cuestión es más denso?

a) O_2 a 25 °C y 1 atm

b) O_3 a 50 °C y 1 atm

c) O_2 a 75 °C y 2 atm

d) O_2 a 50 °C y 1,5 atm

SOLUCION

a) $\quad d_{O_2} = \dfrac{P \cdot Masa\ molar\ O_2}{RT} = \dfrac{1 \cdot 2 \cdot 16}{298R} = \dfrac{0,107}{R}$

b) $\quad d_{O_3} = \dfrac{P \cdot Masa\ molar\ O_3}{RT} = \dfrac{1 \cdot 3 \cdot 16}{323R} = \dfrac{0,149}{R}$

c) $\quad d_{O_2} = \dfrac{P \cdot Masa\ molar\ O_2}{RT} = \dfrac{2 \cdot 2 \cdot 16}{348R} = \dfrac{0,184}{R}$

d) $\quad d_{O_2} = \dfrac{P \cdot Masa\ molar\ O_2}{RT} = \dfrac{1,5 \cdot 2 \cdot 16}{323R} = \dfrac{0,149}{R}$

48.- A partir del diagrama de fases del metanol, indica Verdadero o Falso a cada una de las siguientes afirmaciones:

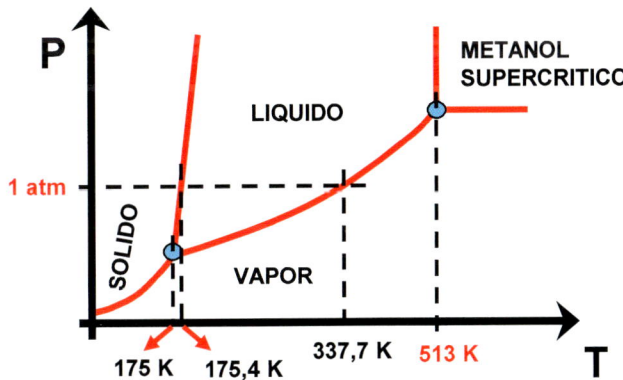

a) El metanol sublima a presión atmosférica. Falso

b) El metanol sólido tiene una densidad mayor que el metanol líquido. Verdadero

c) A partir de 250 °C el vapor de metanol se puede licuar a presiones superiores a 1 atm. Falso

d) Hay más de un valor de presión al que coexisten en equilibrio 3 fases de metanol. Verdadero

49.- Para preparar un cóctel, mezclado no agitado, se mezclan 50 ml de un Vodka, 45 %(v/v) en etanol, con 25 ml de Martini, 15 %(v/v) en etanol. Calcula la concentración de etanol en sangre en g/cm³, si el 13 % de la masa de etanol del cóctel pasa directamente a la sangre (7 litros de sangre/adulto). *(densidad del etanol: 0,789 g/ml)*

SOLUCION

Volumen de etanol en el cóctel = 50·0,45 + 25·0,15 = 22,5 + 3,75 = 26,25 ml

Masa de etanol en el cóctel = Volumen·densidad = 26,25·0,789 = 20,71 g

Masa de etanol que pasa a la sangre = 20,71·0,13 = 2,69 g

$$Concentracion\ de\ etanol\ en\ sangre = \frac{masa\ etanol}{Volumen\ de\ sangre} = \frac{20,71}{7000} \approx 0,003\ {}^{g}/_{cm^3}$$

50.- Una disolución de fósforo en cloroformo ($HCCl_3$), ha sufrido un aumento ebulloscópico de 2,36 °C. ¿Cuál es la fracción molar del cloroformo?. *(K_{eb} del cloroformo = 3,80 kg·K·mol⁻¹)*

   a) 0,621

   b) 0,069

   c) 0,931

   d) 0,236

SOLUCION

Ecuación del aumento ebulloscópico: $\Delta t^a_{eb} = K_{eb} \cdot m$ ⇨   102,36 – 1000 = 3,80·m

m = 0,621 moles de fósforo/kg cloroformo

A partir de la molalidad, m, calculamos la fracción molar del fósforo:

$$X_{fósforo} = \frac{n_{fósforo}}{n_{fósforo} + n_{cloroformo}} = \frac{0,621}{0,621 + \frac{1000}{119,35}} = \frac{0,621}{0,621 + 8,379} = 0,069$$

$X_{cloroformo} = 1 - X_{fósforo}$ $X_{cloroformo} = 1 - 0,069 = 0,931$

51.- Averigua la fórmula de la sal, C_xA_y, cuya celdilla unidad es:

SOLUCION

$$N^{\circ} \text{ de aniones } A \text{ por celdilla}: 8 \text{ en las aristas} \cdot \frac{1}{8} + 12 \text{ en las aristas} \cdot \frac{1}{4} = 1 + 3 = 4$$

N° de cationes C por celdilla = 2 internos

Fórmula = C_2A_4 dividimos por el n° menor, es decir, por 2:   Fórmula = **CA_2**

Esta fórmula corresponde a sales que contienen cationes de valencia + 2 y aniones de valencia - 1

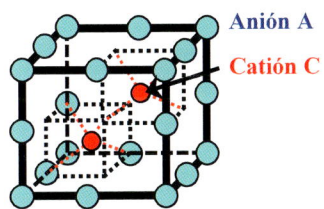

Anión A

Catión C

52.- Dadas las reacciones:

     1ª) $H_2O \rightleftarrows H_2 + \frac{1}{2}O_2$ $K_1 = 3 \cdot 10^{-6}$

     2ª) $2HCl \rightleftarrows Cl_2 + H_2$ $K_2 = 10^{-7}$

Calcula la constante de equilibrio, K_{global}, de la reacción: **$4HCl + O_2 \rightleftarrows 2H_2O + 2Cl_2$**

SOLUCION

La reacción global es la suma de la 2ª reacción multiplicada por 2, más la inversa de la 1ª reacción multiplicada por 2:

$4HCl \rightleftarrows 2Cl_2 + 2H_2$ $K'_2 = (K_2)^2 = 10^{-14}$

$H_2 + \frac{1}{2}O_2 \rightleftarrows H_2O$ $K_{inversa\ de\ 1} = \frac{1}{K_1} = \frac{1}{3 \cdot 10^{-6}}$

$2H_2 + O_2 \rightleftarrows 2H_2O$ $K'_{inversa\ de\ 1} = \left(\frac{1}{K_1}\right)^2 = \left(\frac{1}{3 \cdot 10^{-6}}\right)^2$

$4HCl + O_2 \rightleftarrows 2H_2O + 2Cl_2$ $K_{global} = \left(\frac{K_2}{K_1}\right)^2 = \left(\frac{10^{-7}}{3 \cdot 10^{-6}}\right)^2 = 1,11 \cdot 10^{-3}$

53.- Los datos de la siguiente tabla reflejan el valor de k, de una reacción catalizada por la enzima Acetil-CoA Sintetasa, en función de la temperatura, tª. Calcula gráficamente la E_a de la reacción.

(R = 8,314 J/molK)

temperatura (ºC):	17	21	30	35	40
k (min^{-1}):	$3,6·10^{-3}$	$8·10^{-3}$	0,043	0,1	0,25

SOLUCION

Ecuación de Arrhenius: $k = Ae^{-\frac{E_a}{RT}}$ conversión en una ecuación logarítmica: $\mathbf{Lnk = LnA - \frac{E_a}{RT}}$

T(K):	290	294	303	308	313
$\frac{1}{T}$:	$3,45·10^{-3}$	$3,4·10^{-3}$	$3,3·10^{-3}$	$3,25·10^{-3}$	$3,195·10^{-3}$
Ln(k):	- 5,63	- 4,83	- 3,15	- 2,3	- 1,39

A continuacion, representamos gráficamente Ln(k) frente a 1/T.

Y a partir de la pendiente de la recta de ajuste de los puntos, obtenemos el valor de la energía de activación, E_a.

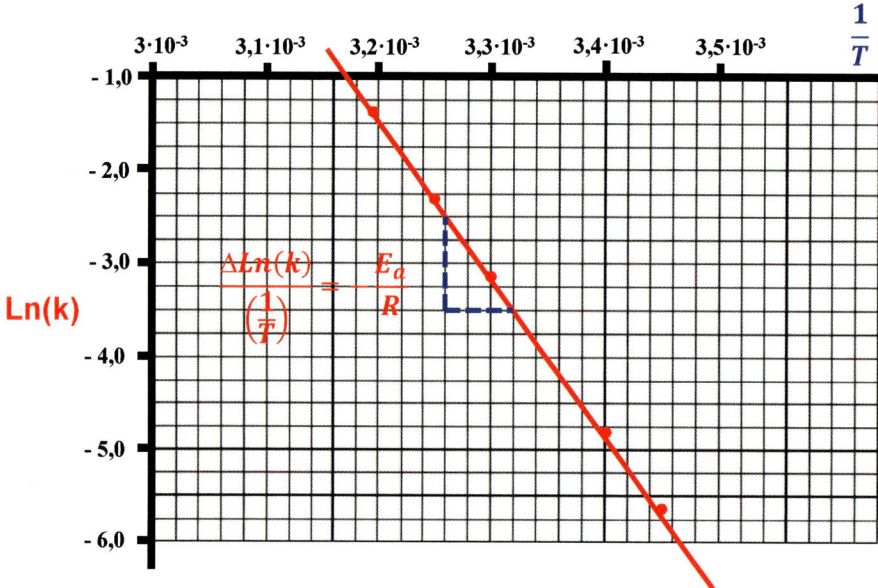

Pendiente de la recta: $m = \dfrac{\Delta y}{\Delta x} = \dfrac{\Delta Ln(k)}{\left(\frac{1}{T}\right)} = \dfrac{-3,5 - (-2,5)}{(3,32 - 3,26)·10^{-3}} = -16666,67 = -\dfrac{E_a}{R}$

E_a = - 8,314·(- 16666,67) = 138566,7 J/mol E_a = 138,57 kJ/mol

54.- Pon Verdadero o Falso a los siguientes enunciados sobre la reacción de descomposición del ozono:

$$2O_{3(g)} \rightarrow 3O_{2(g)} \qquad\qquad v = k\frac{[O_3]^2}{[O_2]}$$

a) Si se duplican las $[O_3]$ y $[O_2]$ la velocidad se duplica. **V**

b) A una tª y $[O_3]$ dadas, la descomposición es más lenta en capas de la atmósfera pobres en oxígeno **F**

c) Para una $[O_3]$ y $[O_2]$ dadas, la descomposición se acelera en los polos respecto a los trópicos. **F**

d) La $E_{activación}$ de la reacción sería la misma en verano que en invierno. **V**

SOLUCION

a) $v' = k\dfrac{[2O_3]^2}{[2O_2]} = k\dfrac{4[O_3]^2}{2[O_2]} = 2k\dfrac{[O_3]^2}{[O_2]} = 2v$

b) En capas de la atmósfera donde la $[O_2]$ sea pequeña, para una tª y $[O_3]$ dadas, la velocidad de descomposición del ozono, O_3, aumenta porque v es inversamente proporcional a la $[O_2]$.

c) La cinética de toda reacción disminuye al descender la tª. Por tanto, la velocidad de descomposición del ozono, para una $[O_2]$ y $[O_3]$ dadas, sería menor en los polos, donde la tª por lo general es menor que en los trópicos.

d) La energía de activación, E_a, es un valor propio de cada reacción que no depende de la tª, sino de la fortaleza de los enlaces de los reactivos que han de romperse para dar lugar a los productos. La E_a de una reacción disminuye en presencia de un catalizador, porque este actúa debilitando los enlaces de los reactivos. Al finalizar la reacción el catalizador siempre se recupera en su forma nativa inicial.

55.- La proteína Acuaporina-1 cristaliza con una celdilla unidad centrada en el cubo, de arista 96 Å. ¿Cuál es el diámetro de la proteína?

a) 8,31 nm

b) 4,16 nm

c) 9,6 nm

d) 2,08 nm

SOLUCION

En una celdilla unidad cúbica centrada en el cubo se cumplen las siguientes relaciones de Pitágoras:

$(\text{Diagonal cubo})^2 = (\text{diagonal cara})^2 + a^2$ $a = $ arista celdilla unidad

$(\text{diagonal cara})^2 = a^2 + a^2 = 2a^2$

Por otro lado, como las moléculas de proteína están en contacto físico y son cuasiesferas:

Diagonal del cubo = 4·Radio de una molécula de proteína

$(4R_{\text{molécula}})^2 = 3a^2 = 3(9,6 \text{ nm})^2$ ⇨ $4R_{\text{molécula}} = a\sqrt{3} = (9,6 \text{ nm})\sqrt{3}$ ⇨

$R_{\text{molécula}} = 4,16 \text{ nm}$

Diámetro de la molécula de Acuaporina-1 = 8,31 nm

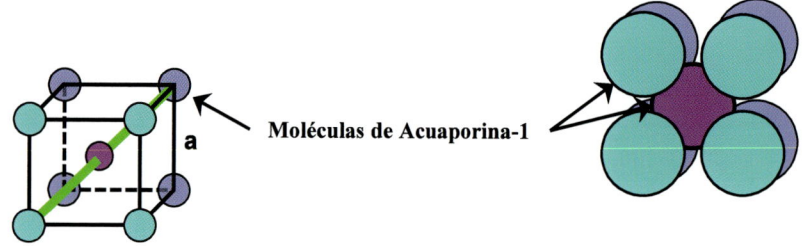

Moléculas de Acuaporina-1

56.- Calcula la fracción molar del disolvente en una disolución acuosa al 45 % (p/p) de etilenglicol, $C_2H_6O_2$.

SOLUCION

45 %(p/p) equivale a 45 g de etilenglicol por cada 100 g de disolución. Es decir, 55 g de agua por cada 45 g de etilenglicol.

$$X_{agua} = \frac{moles \ de \ agua}{moles \ totales} = \frac{\frac{100-45}{18}}{\frac{100-45}{18} + \frac{45}{62}} = \frac{3,056}{3,056 + 0,726} = 0,808$$

57.- Calcula la Molaridad de la disolución anterior, si su densidad es de 1,07 kg/L.

Transformamos el %(p/p) de la disolución en g/L:

$$\frac{45\ g\ de\ etilenglicol}{100\ g\ de\ disolución} \cdot \frac{1070\ g\ de\ disolución}{litro\ de\ disolución} = \frac{481,5\ g\ de\ etilenglicol}{litro\ de\ disolución}$$

$$M = \frac{moles\ de\ etilenglicol}{litros\ de\ disolución} = \frac{481,5\ g/L}{62\ g/mol} = 7,77\ mol/L$$

58.- Para el equilibrio: $SO_{2(g)} + \frac{1}{2}O_{2(g)} \leftrightarrows SO_{3(g)}$ $\Delta H^\circ = -99,1\ kJ/mol$

Predecir que le sucede al equilibrio cuando:

a) Se inyecta O_3 en el recipiente sin cambiar de volumen.

b) Se produce licuefacción del SO_3.

c) Se aumenta la temperatura, t^a.

d) Se inyecta O_3 en el recipiente, pero esta vez provocando una expansión del volumen.

a) Nada, porque el O_3 no es una especie del equilibrio. Solo se produce un aumento de presión sin variación de volumen.

b) Se desplaza hacia la formación de producto pues disminuye la concentración del gas SO_3 al ser licuado.

c) La reacción de formación de producto es exotérmica, luego un aumento de t^a desplaza el equilibrio hacia la derecha formándose reactivos.

d) El equilibrio se desplaza hacia donde más moles gaseosos hay, es decir, hacia los reactivos.

59.- ¿Cuál es la molalidad, m, de un vodka cuyo grado en etanol, C_2H_6O, es del 41 %(v/v)?

a) 7,03

b) 11,92

c) 10,25

d) 0,35

SOLUCION

Hay que transformar la unidad de concentración %(v/v) en molalidad, m.

$$m = \frac{moles\ etanol}{kg\ agua\ pura}$$

Suponiendo el vodka una disolución acuosa que solo tiene etanol como soluto, como su riqueza es del 41 %(v/v) y suponiendo volúmenes aditivos, entonces: 100 mL de vodka contiene 41 mL de etanol y 59 mL de agua pura.

$$moles\ de\ etanol = \frac{Volumen\ de\ etanol \cdot densidad\ el\ etanol}{masa\ molar\ del\ etanol} = \frac{41\ mL \cdot 0,789\frac{g}{mL}}{46\frac{g}{mol}} = 0,703$$

$$kg\ de\ agua\ pura = volumen\ de\ agua \cdot densidad\ del\ agua = 59\ mL \cdot \frac{L}{1000\ mL} \cdot \frac{1\ kg}{L} = 0,059$$

$$m = \frac{0,703}{0,059} = 11,92$$

60.- Sea la reacción de descomposición del agua oxigenada a temperatura ambiente:

$$H_2O_{2(ac)} \rightarrow H_2O_{(l)} + \tfrac{1}{2}O_{2(g)} \qquad k = 3,66 \cdot 10^{-3}\ s^{-1}$$

¿Cuántos minutos deben transcurrir para que la concentración inicial de H_2O_2 se reduzca a la octava parte?.

SOLUCION

Por las unidades de k (tiempo^{-1}) la reacción es de 1º orden, y por tanto, el tiempo de vida media, $t_{1/2}$, se calcula:

$$t_{1/2} = \frac{Ln2}{k} = \frac{Ln2}{3,66 \cdot 10^{-3}\ s} = 189,38\ s$$

Para que la concentración inicial, $[H_2O_2]_o$, se reduzca a la octava parte, deben transcurrir 3 periodos de vida media:

Tiempo que debe transcurrir = $3 \cdot t_{1/2} = 3 \cdot 189,38 = 568,14\ s$ \qquad aproximadamente 9,47 min.

61.- ¿Cuál es la solubilidad del Ozono, O_3, en agua a 25 °C, cuando su presión parcial es 0,21 atm?.

a) 0,213 M

b) 21 mmol/m³

c) 0,068 g/cm³

d) 0,102 g/L

SOLUCION

Según la Ley de Henry la solubilidad de un gas en un líquido es directamente proporcional a su presión parcial sobre el mismo, en esta caso: $\mathbf{S_{ozono} = k_H \cdot P_{ozono}}$

$$k_{H, ozono} = 10^{-4} \frac{mol}{m^3 \cdot Pa}$$

k_H es la constante de Henry y depende de la naturaleza del gas y del disolvente, y de la temperatura.

$$S_{ozono} = 10^{-4} \frac{mol}{m^3 \cdot Pa} \cdot 0,21 \cdot 101325 \text{ Pa/atm} = 2,13 \text{ moles de } O_3/m^3$$

Expresando esta solubilidad en otras unidades:

$$S_{ozono} = 2,13 \frac{moles \ de \ O_3}{m^3} \cdot \frac{1000 \ mmol}{mol} = 2130 \frac{mmoles \ de \ O_3}{m^3}$$

$$S_{ozono} = 2,13 \frac{moles \ de \ O_3}{m^3} \cdot \frac{m^3}{1000 \ L} = 2,13 \cdot 10^{-3} \ M$$

$$S_{ozono} = 2,13 \frac{moles \ de \ O_3}{m^3} \cdot 3 \cdot 16 \frac{g}{mol} \cdot \frac{m^3}{1000 \ L} = 0,102 \frac{g}{L}$$

$$S_{ozono} = 0,102 \frac{g}{L} \cdot \frac{L}{1000 \ cm^3} = 1,02 \cdot 10^{-3} \frac{g}{cm^3}$$

62.- A 760 mmHg y 37 °C la densidad del gas N_xO_y es $1,731 \cdot 10^{-3}$ g/cm³. Averigua la fórmula del gas.

SOLUCION

$$d_{N_xO_y} = 1,731 \cdot 10^{-3} \frac{g}{cm^3} \cdot \frac{1000 \ cm^3}{1 \ L} = 1,731 \ g/L \qquad d_{N_xO_y} = \frac{P \cdot M_{molar \ N_xO_y}}{RT}$$

$$1,731 \ g/L = \frac{\frac{760}{760} \cdot M_{molar \ N_xO_y}}{0,082 \cdot 310} \qquad \text{Masa molar del gas } N_xO_y = 44 \text{ g/mol}$$

Es decir, que la única fórmula del gas compatible con esa masa molar es: N_2O

63.- Tenemos volúmenes iguales de 2 líquidos A y B, a las mismas tª y presión. ¿A qué se debe que con el líquido A se puedan hacer pompas más grandes que con el B?

a) Menor viscosidad del líquido A

b) Menor densidad del líquido A

c) Menor tensión superficial del líquido A

d) Mayor presión de vapor del líquido A

e) Mayor solubilidad del aire en el líquido A

SOLUCION

La tensión superficial de un líquido está relacionada con la dificultad para crear, deformar o ampliar la superficie del mismo, y esta aumenta con la intensidad de las fuerzas intermoleculares para las mismas T y P.

64.- A la vista de la celdilla unidad del semiconductor arseniuro de galio, su fórmula empírica sería:

a) Ga_4As_4

b) Ga_7As_2

c) GaAs

d) Ga_2As

e) $GaAs_2$

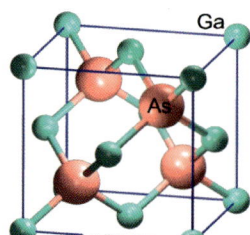

$$\text{átomos de } Ga/_{celdilla} = 8\frac{1}{8} + 6 \cdot \frac{1}{2} = 1 + 3 = 4$$

$$\text{átomos de } As/_{celdilla} = 4 \cdot 1 = 4 \text{ todos interiores}$$

La celdilla unidad contiene los mismos átomos de arsénico, As, que de galio, Ga, por lo tanto, la formula empírica del semiconductor es: GaAs

65.- Se disuelven 220,6 g de $CaCl_2(H_2O)_2$ en 1,5 L de agua. Calcula la molalidad de la disolución en $CaCl_2$.

SOLUCION

$$m = \frac{moles\ de\ CaCl_2}{kg\ de\ agua}$$

$$moles\ de\ CaCl_2 = moles\ de\ CaCl_2(H_2O)_2 = \frac{220,6\ g}{147\ g/mol} = 1,5$$

d_{agua} = 1 kg/L

$$m = \frac{1,5\ moles\ CaCl_2}{1,5\ kg\ de\ agua} = 1$$

66.- Calcula qué volumen de agua hay que añadir a 250 g de una disolución acuosa al 30 %(p/p) de fructosa, $C_6H_{12}O_6$, para obtener una disolución 1 m en fructosa.

SOLUCION

$$masa\ fructosa = masa\ disolución \cdot \frac{\%(^p/_p)}{100} = 250\ g\ de\ disolución \cdot 0,3_{g\ fructosa}/_{g\ disolución} = 75\ g$$

Masa de disolución = masa de fructosa + masa de agua

250 g de disolución - 75 g de fructosa = 175 g de agua

$$m = \frac{moles\ de\ Fructosa}{kg\ de\ agua} = \frac{\frac{g\ de\ fructosa}{Masa\ molar\ de\ la\ fructosa}}{kg\ de\ agua\ +\ kg\ de\ agua\ añadidos} = \frac{\frac{75\ g}{180\ g/mol}}{0,175 + x} = \frac{0,417}{0,175 + x} = 1$$

x = kg de agua añadidos a la disolución = 0,242 d_{agua} = 1 kg/L

$$Volumen\ de\ agua\ añadido = \frac{masa\ de\ agua\ añadida}{densidad\ del\ agua} = \frac{242\ g}{1_{g}/_{mL}} = 242\ mL$$

1.- En un recipiente con un émbolo móvil y a una temperatura, tª, dada, se encuentra el siguiente equilibrio:

$$N_2O_{4(g)} \leftrightarrows 2NO_{2(g)} \qquad \Delta H^\circ = + 55kJ/mol$$

Di como afectarán al % de disociación del N_2O_4, los siguientes cambios:

  a) Se coloca el recipiente sobre la nieve y baja un poco el émbolo, hasta volver a detenerse.

  b) Se introduce 1 mol del catalizador $NO_{(g)}$, que provoca una pequeña elevación del émbolo.

  c) Se introduce $NO_{2(g)}$ que provoca una elevación del émbolo.

  d) Se aumenta la presión exterior ejercida sobre el émbolo.

SOLUCION

A partir del Principio de Le Chatelier podemos predecir que:

a) Si disminuye la tª, baja el % de disociación del gas N_2O_4 porque la reacción es endotérmica. Además, la disminución del volumen del recipiente también favorece el desplazamiento del equilibrio hacia la izquierda.

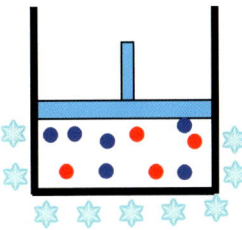

b) Un catalizador solo afecta a la velocidad con que se alcanza el equilibrio de disociación, no al % de disociación. Sin embargo, la adición del gas NO, provoca una pequeña expansión del recipiente, y un aumento del % de disociación.

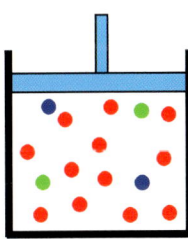

c) No podemos predecirlo, *a priori,* porque desconocemos la cantidad de NO_2 introducido y el aumento de volumen.

d) Disminuye el volumen del recipiente y por tanto, disminuye el % de disociación.

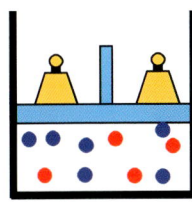

2.- Sea la siguiente reacción a baja tª: $CO_{(g)}$ + $NO_{2(g)}$ → $CO_{2(g)}$ + $NO_{(g)}$ $v = k[NO_2]^2$

¿Cuál de los siguientes mecanismos es consistente con su ley de velocidad?

SOLUCION

La ley de velocidad de una reacción siempre se obtiene de la ecuación de velocidad de la etapa elemental más lenta de su mecanismo, sustituyendo las especies intermediarias por los reactivos o productos. Cada etapa elemental representa el choque de moléculas, átomos o iones individuales, y su ecuación de velocidad es proporcional al producto de las "concentraciones" de las moléculas que chocan elevados a sus coeficientes estequiométricos. Estos coeficientes representan el nº de moléculas que chocan para reaccionar, no la relación de moles.

Mecanismo a): CO + NO$_2$ → CO$_2$ + NO $v = k[CO][NO_2]$

Mecanismo b): 1ª) 2NO$_2$ ⇆ N$_2$O$_4$ *(equilibrio rápido)* $K_{eq} = \dfrac{[N_2O_4]}{[NO_2]^2}$ $[N_2O_4] = K_{eq}[NO_2]^2$

2ª) N$_2$O$_4$ + 2CO → 2CO$_2$ + 2NO   *(lenta)* $v = k_2[CO]^2[N_2O_4]$

Sustituyendo [N$_2$O$_4$] en la ecuación de la velocidad: $v = k_2 \cdot K_{eq}[CO]^2[NO_2]^2$

Mecanismo c): 1ª) 2NO$_2$ → NO$_3$ + NO   *(lenta)* $v = k_1[NO_2]^2$

2ª) NO$_3$ + CO → NO$_2$ + CO$_2$ *(rápida)*

Este es el mecanismo consistente porque a partir de la etapa lenta obtenemos la ley de velocidad de la reacción global.

Mecanismo d):

1ª) 2NO$_2$ ⇆ 2NO + O$_2$ *(equilibrio rápido)* $K_{eq} = \dfrac{[NO]^2[O_2]}{[NO_2]^2}$ $[O_2] = \dfrac{K_{eq}[NO_2]^2}{[NO]^2}$

2ª) 2CO + O$_2$ → 2CO$_2$ *(lenta)* $v = k_2[CO]^2[O_2]$

Sustituyendo [O$_2$] en la ecuación de la velocidad: $v = k_2 \cdot K_{eq} \cdot \dfrac{[CO]^2[NO_2]^2}{[NO]^2}$

3.- La gráfica de la pagina siguiente representa la valoración de un ácido con **NaOH**.

  a) Justifica el nº de protones que tiene el ácido

  b) Selecciona el indicador más adecuado para detectar cada punto de equivalencia

  c) Justifica cuál es el valor aproximado de pK_{a1}

SOLUCION

  a) El ácido tiene 2 protones por qué la gráfica tiene 2 puntos de equivalencia.

  b) Rojo de metilo para el 1º punto de equivalencia y Alizarina R para el 2º.

  c) Cuando se ha gastado un volumen de NaOH mitad del necesario para alcanzar el 1º punto de equivalencia, se cumple que:

$$[H_2A] = [HA^-] \text{ y por tanto: } \quad K_{a1} = \frac{[HA^-][H_3O^+]}{[H_2A]} = [H_3O^+]$$

El pK_{a1} es igual al pH de la disolución cuando se ha gastado la mitad del volumen de **NaOH** necesario para alcanzar el 1º punto de equivalencia. A partir de la grafica vemos que $pK_{a1} = 2,35$

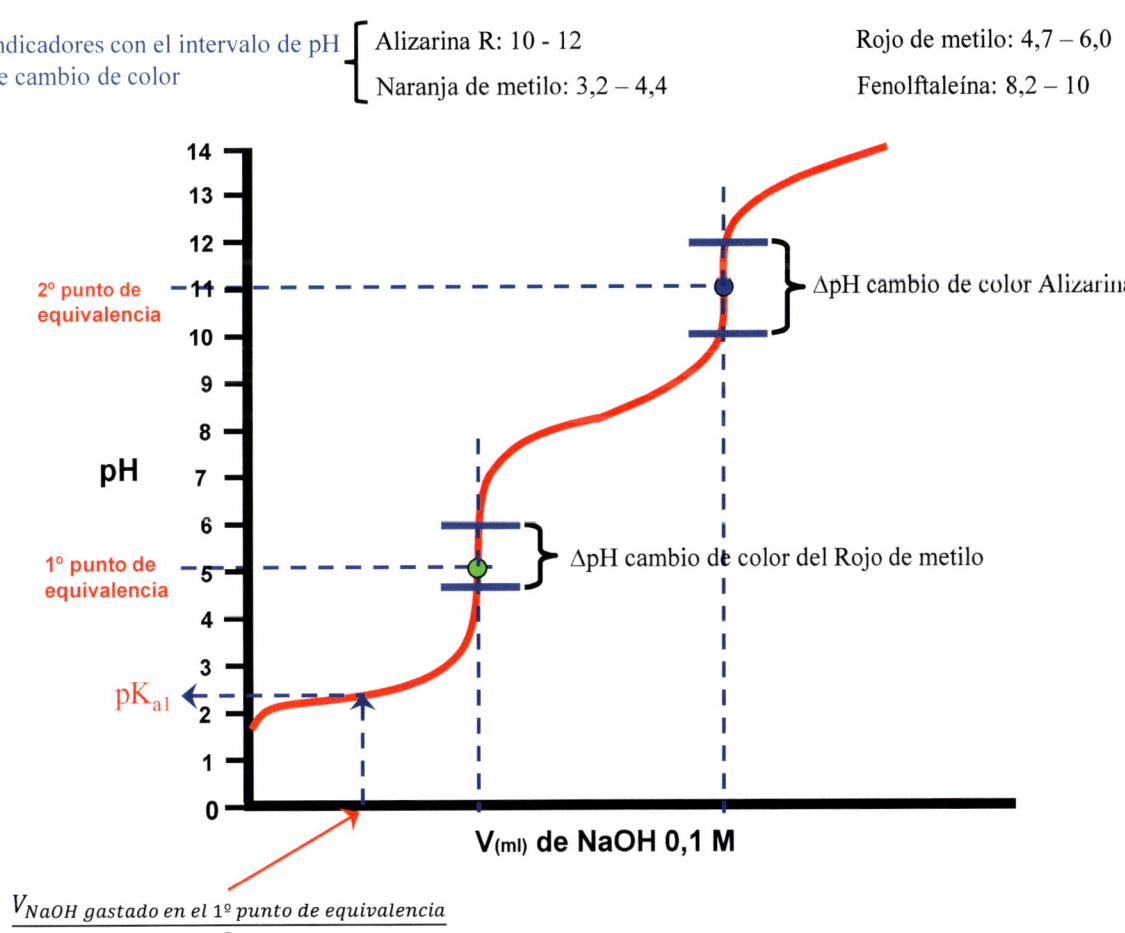

4.- Escribe la expresión de la constante termodinámica del siguiente equilibrio, y justifica que parámetros modificarías para obtener más hierro:

$$Fe_3O_{4(s)} \quad + \quad 4CO_{(g)} \quad \leftrightarrows \quad 3Fe_{(s)} \quad + \quad 4CO_{2(g)} \qquad \Delta H° = -43,7 \text{ kJ/mol}$$

SOLUCION

La expresión de la constante de equilibrio termodinámica es: $K_{termodinámica} = K_p = \left(\dfrac{P_{CO_2}}{P_{CO}}\right)^4$

Para desplazar el equilibrio hacia la formación de hierro hay que:

- Bajar la temperatura, por ser un proceso exotérmico

- Aumentar la presión parcial del gas CO

- Disminuir la presión parcial del gas CO_2

5.- Para la reacción: $\quad N_2O_{5(g)} \quad \leftrightarrows \quad 2NO_{2(g)} \quad + \quad \frac{1}{2}O_{2(g)}$

Deduce la ley de velocidad y el orden global de la reacción, si el mecanismo propuesto es el siguiente:

$$1^a) \ N_2O_5 \ \leftrightarrows \ NO_2 \ + \ NO_3 \qquad (Equilibrio) \qquad K_{eq} = \dfrac{[NO_2][NO_3]}{[N_2O_5]}$$

$$2^a) \ NO_3 \ \rightarrow \ NO \ + \ O_2 \qquad (Etapa \ lenta)$$

$$3^a) \ NO \ + \ NO_3 \ \rightarrow \ 2NO_2 \qquad (Etapa \ rápida)$$

SOLUCION

A partir de la etapa lenta: $v = k_2[NO_3]$

El NO_3 es un intermediario que se sustituye a partir de la expresión de la K_{eq} de la 1ª etapa:

$$[NO_3] = K_{eq}\dfrac{[N_2O_5]}{[NO_2]} \qquad\qquad v = k_2 K_{eq}\dfrac{[N_2O_5]}{[NO_2]} = k\dfrac{[N_2O_5]}{[NO_2]} \qquad \text{Orden global} = 1 - 1 = 0$$

6.- Busca el indicador adecuado para detectar el punto de equivalencia de cada una de las siguientes valoraciones, si todas las disoluciones son 1 M: *($K_{HClO} = 4 \cdot 10^{-8}$; $K_{HClO_2} = 0,0115$ y $K_{metilamina} = 3,7 \cdot 10^{-4}$)*

a) $HClO + KOH$

b) $HClO_4 + NaOH$

c) $HClO_2 + NaOH$

d) $CH_3NH_2 + HCl$

SOLUCION

Las disoluciones de los puntos de equivalencia son las siguientes:

a) $ClO^- + H_2O \leftrightarrows HClO + HO^-$ $K_{hipoclorito} = \dfrac{K_w}{K_{HClO}} = 2,5 \cdot 10^{-7}$

    $1 - x \qquad\qquad\quad x \qquad\quad x$

$2,5 \cdot 10^{-7} = \dfrac{[HClO][HO^-]}{[ClO^-]} = \dfrac{x \cdot x}{1-x} \approx x^2$ $x = [HO^-] = 5 \cdot 10^{-4}$ $pOH = 3,3$

$pH_{equivalencia} = 10,7$ Amarillo de Alizarina $(10,1 - 12)$

b) $ClO_4^- + H_2O \rightarrow$ No Reacciona $pH_{equivalencia} = 7$ Amarillo Brillante $(6,6 - 7,7)$

c) $ClO_2^- + H_2O \leftrightarrows HClO_2 + HO^-$ $K_{clorito} = \dfrac{K_w}{K_{HClO_2}} = 8,7 \cdot 10^{-13}$

    $1 - x \qquad\qquad\quad x \qquad\quad x$

$8,7 \cdot 10^{-13} = \dfrac{[HClO_2][HO^-]}{[ClO_2^-]} = \dfrac{x \cdot x}{1-x} \approx x^2$ $x = [HO^-] = 9,33 \cdot 10^{-7}$ $pOH = 6$

$pH_{equivalencia} = 8$ Turmárico $(7,5 - 8,7)$

d) $CH_3NH_3^+ + H_2O \leftrightarrows CH_3NH_2 + H_3O^+$ $K_{metilamonio} = \dfrac{K_w}{K_{metilamina}} = 2,7 \cdot 10^{-11}$

    $1 - x \qquad\qquad\qquad\quad x \qquad\quad x$

$2,7 \cdot 10^{-11} = \dfrac{[CH_3NH_2][H_3O^+]}{[CH_3NH_3^+]} = \dfrac{x \cdot x}{1-x} \approx x^2$ $x = [H_3O^+] = 5,2 \cdot 10^{-6}$

$pH_{equivalencia} = 5,3$ Rojo de metilo $(4,8 - 6,0)$

7.- Señala la Base y el Acido de Lewis en las siguientes reacciones:

a) $I^-_{(Base)}$ + $_{(Acido)}I{-}I$ $\leftrightarrows$ $I^{\delta-}{\rightarrow}I{-}I^{\delta-}$

b) $(CH_3)_3N{:}_{(Base)}$ + $_{(Acido)}I{-}I$ $\leftrightarrows$ $(CH_3)_3N^{\delta+}{\rightarrow}I^{\delta+}$ + I^-

c) $2H_2O{:}_{(Base)}$ + $_{(Acido)}Cl{-}Cl$ $\leftrightarrows$ $HO^{\delta-}{\rightarrow}Cl^{\delta+}$ + H_3O^+ + Cl^-

d) $Ni^{+2}_{(Acido)}$ + $_{(Base)}{:}CO$ $\leftrightarrows$ $Ni^+{\leftarrow}\overset{+}{C}O$

e) $H_2O{:}_{(Base)}$ + $_{(Acido)}CO_2$ $\leftrightarrows$ H_2CO_3

8.- Obtén los valores de las constantes de equilibrio de las siguientes reacciones. *($K_{HF} = 7\cdot10^{-4}$ y $K_{ácido\ acético} = 1,8\cdot10^{-5}$)*

a) H_3O^+ + CH_3COO^- $\leftrightarrows$ CH_3COOH + H_2O $\quad K_e = \dfrac{1}{K_{ácido\ acético}} = \dfrac{1}{1,8\cdot10^{-5}} = 5,56\cdot10^4$

b) CH_3COOH + H_2O $\leftrightarrows$ CH_3COO^- + H_3O^+ $\quad K_{ácido\ acético}$

$\qquad\quad F^-$ + H_2O $\leftrightarrows$ FH + HO^- $\quad K_{fluoruro} = \dfrac{K_w}{K_{HF}}$

$\qquad\quad H_3O^+$ + HO^- $\leftrightarrows$ $2H_2O$ $\quad K_{inversa\ del\ equilibrio\ del\ agua} = \dfrac{1}{K_w}$

CH_3COOH + F^- $\leftrightarrows$ FH + CH_3COO^- $\quad K_{global} = \dfrac{K_w\cdot K_{ácido\ acético}}{K_w\cdot K_{HF}} = \dfrac{1,8\cdot10^{-5}}{7\cdot10^{-4}} = 0,026$

c) CH_3COOH + HO^- $\leftrightarrows$ H_2O + CH_3COO^- $\quad K_{eq} = \dfrac{1}{K_{acetato}} = \dfrac{K_{acético}}{K_w} = \dfrac{1,8\cdot10^{-5}}{10^{-14}} = 1,8\cdot10^9$

9.- Justifica si la solubilidad del esmalte dental, $Ca_5(PO_4)_3(OH)_{(s)}$, en las siguientes disoluciones, es mayor, menor o igual que en agua pura:

a) Disolución de $BaCl_2$ y $Ca(NO_3)_2$ **Menor:** Efecto del Ion Común que supera al efecto salino

$$Ca_5(PO_4)_3(OH)_{(s)} \leftrightarrows 5Ca^{+2} + 3PO_4^{-3} + HO^-$$

$$Ca(NO_3)_2 \rightarrow Ca^{+2} + 2NO_3^-$$

b) Disolución de $NaCl$ **Mayor:** Efecto Salino

c) Disolución de EDTA   **Mayor:** Equilibrio simultáneo del EDTA con el Ca^{+2}

$$Ca_5(PO_4)_3(OH)_{(s)} \leftrightarrows 5Ca^{+2} + 3PO_4^{-3} + HO^-$$

$$Ca^{+2} + EDTA \rightarrow [Ca-EDTA]^{+2} \qquad \text{Equilibrio de formación de complejos}$$

d) Zumo de limón, ácido cítrico (R–COOH)

Mayor: Equilibrio simultáneo de los HO^- con el ácido cítrico

$$Ca_5(PO_4)_3(OH)_{(s)} \leftrightarrows 5Ca^{+2} + 3PO_4^{-3} + HO^-$$

$$HO^- + R-COOH \rightarrow R-COO^- + H_2O \qquad \text{Equilibrio Acido-Base}$$

10.- Indica si las siguientes afirmaciones sobre la disolución de bicarbonato sódico en agua pura, son verdaderas o falsas:

a) En la disolución hay la misma concentración de H_3O^+ que de HO^-. FALSO

b) La disolución es básica a alta concentración de bicarbonato y ácida a baja concentración. FALSO

c) El bicarbonato se comporta como una sustancia anfótera. VERDADERO

d) La disolución es básica. VERDADERO

11.- Calcula la constante del siguiente equilibrio: $\mathbf{2HCO_{3\,(ac)}^{-}} \leftrightarrows \mathbf{H_2CO_{3(ac)}} + \mathbf{CO_{3\,(ac)}^{-2}}$

(H_2CO_3: $pK_{a1} = 6,4$ y $pK_{a2} = 10,3$)

SOLUCION

Puede haber dos maneras de combinar las reacciones del H_2CO_3 para calcular K pedida:

a)

1) $H_2CO_3 + H_2O \leftrightarrows HCO_3^- + H_3O^+$ $\qquad$ $K_{a1} = 4\cdot10^{-7}$

- 1) $HCO_3^- + H_3O^+ \leftrightarrows H_2CO_3 + H_2O$ $\qquad$ $K_{a1,inversa} = \dfrac{1}{K_{a1}} = \dfrac{1}{4\cdot10^{-7}}$

2) $HCO_3^- + H_2O \leftrightarrows CO_3^{-2} + H_3O^+$ $\qquad$ $K_{a2} = 5\cdot10^{-11}$

---

(2) – (1): $\mathbf{2HCO_{3\,(ac)}^{-}} \leftrightarrows \mathbf{H_2CO_{3(ac)}} + \mathbf{CO_{3\,(ac)}^{-2}}$ $\qquad$ $K_{global} = \dfrac{K_{a2}}{K_{a1}} = \dfrac{5\cdot10^{-11}}{4\cdot10^{-7}} = 1,25\cdot10^{-4}$

b)

1) $HCO_3^- + H_2O \leftrightarrows CO_3^{-2} + H_3O^+$ $\qquad$ $K_{a2} = 5\cdot10^{-11}$

2) $HCO_3^- + H_2O \leftrightarrows H_2CO_3 + HO^-$ $\qquad$ $K_{bicarbonato} = \dfrac{K_w}{K_{a1}} = \dfrac{K_w}{4\cdot10^{-7}}$

3) $H_3O^+ + HO^- \leftrightarrows 2H_2O$ $\qquad$ $K_{inversa\ del\ equilibrio\ del\ agua} = \dfrac{1}{K_w}$

---

(1) + (2) + (3): $\mathbf{2HCO_{3\,(ac)}^{-}} \leftrightarrows \mathbf{H_2CO_{3(ac)}} + \mathbf{CO_{3\,(ac)}^{-2}}$ $\qquad$ $K_{global} = \dfrac{K_w K_{a2}}{K_w K_{a1}} = \dfrac{K_{a2}}{K_{a1}} = \dfrac{5\cdot10^{-11}}{4\cdot10^{-7}} = 1,25\cdot10^{-4}$

12.- ¿Cuáles son la base conjugada y el ácido conjugado del ion $H_2PO_4^-$?

SOLUCION

$H_2PO_4^- + H_2O \leftrightarrows \underset{\text{BASE CONJUGADA}}{HPO_4^{-2}} + H_3O^+$

$H_2PO_4^- + H_2O \leftrightarrows \underset{\text{ACIDO CONJUGADO}}{H_3PO_4} + HO^-$

13.- ¿Cuál es la carga neta de la especie mayoritaria de los siguientes aminoácidos a pH = 7,4?

Acido Glutámico: HOOC–CH$_2$–CH$_2$–CH(NH$_2$)COOH   pK$_a$ = 1,86   pK$_b$ = 3,22   pK$_{a,cadena}$ = 5

Lisina: H$_2$N–CH$_2$–CH$_2$–CH$_2$–CH$_2$–CH(NH$_2$)COOH   pK$_a$ = 2,16   pK$_b$ = 4,8   pK$_{b,cadena}$ = 3,2

SOLUCION

Ac Glutámico:

pH = 7,4 > pK$_a$ + 1   [R–CH(NH$_2$)COO⁻] > [R–CH(NH$_2$)COOH]

pH = 7,4 > pK$_{a,cadena}$ + 1   [⁻OOC–R′] > [HOOC–R′]

pH = 7,4 > pK$_b$ + 1   [R–CH(NH$_3$⁺)] > [R–CH(NH$_2$)]

⁻OOC–CH$_2$–CH$_2$–CH(N̟H$_3$⁺)COO⁻   Carga neta (⊖)

Lisina:

pH = 7,4 > pK$_a$ + 1   [R–CH(NH$_2$)COO⁻] > [R–CH(NH$_2$)COO⁻]

pH = 7,4 > pK$_b$ + 1   [R–CH(NH$_3$⁺)] > [R–CH(NH$_2$)]

pH = 7,4 > pK$_{b,cadena}$ + 1   [⁺H$_3$N–R′] > [H$_2$N–R′]

H$_3$N̟⁺–CH$_2$–CH$_2$–CH$_2$–CH$_2$–CH(N̟H$_3$⁺)COO⁻   Carga neta (⊕)

14.- Como afecta a la solubilidad de un cálculo renal de oxalato cálcico:

$$C_2O_4Ca_{(s)} \leftrightarrows C_2O_4^{-2} + Ca^{+2} \qquad \Delta G^o = 50 \text{ kJ/mol}$$

a) Aumento de la temperatura, tª, por ultrasonidos: Aumenta la solubilidad

$$LnK_{eq} = -\frac{\Delta G^o}{RT} = -\frac{50}{RT}$$ Si aumenta T, el LnK$_{eq}$ es menos negativo y aumenta K$_{eq}$

b) Acidosis: Aumenta la solubilidad: Equilibrio simultáneo ácido-base

$$C_2O_4Ca_{(s)} \leftrightarrows C_2O_4^{-2} + Ca^{+2}$$

$$C_2O_4^{-2} + 2H_3O^+ \rightarrow H_2C_2O_4 + 2H_2O$$

c) Ingesta de agua dura con alto contenido de Ca: Disminuye la solubilidad: Efecto del ion común

$$C_2O_4Ca_{(s)} \leftrightarrows C_2O_4^{-2} + Ca^{+2}$$

d) Hipertensión provocada por exceso de la sal NaCl: Aumenta la solubilidad, efecto salino

15.- Sea el equilibrio: $CaCO_{3(s)} \leftrightarrows CaO_{(s)} + CO_{2(g)}$ $\Delta H° \gg 0$

a) Escribe la expresión de la constante de equilibrio

b) La temperatura, tª, en la superficie de Venus, muy rica en carbonatos, es de 490 °C. ¿Qué podrías decir de la composición de la atmósfera y del suelo venusiano comparándolos con la tierra?.

SOLUCION

a) $K_{eq} = P_{CO_2}$

b) Al ser muy endotérmico el equilibrio de descomposición del carbonato, su K_{eq} aumenta con la tª, por lo que, la superficie y la atmósfera de Venus serán más ricas en CaO y CO_2 que las respectivas terrestres, pues dicho equilibrio está muy desplazado hacia los productos. En Venus es de suponer que se produzca un potente efecto invernadero, que contribuya a la alta tª de su superficie.

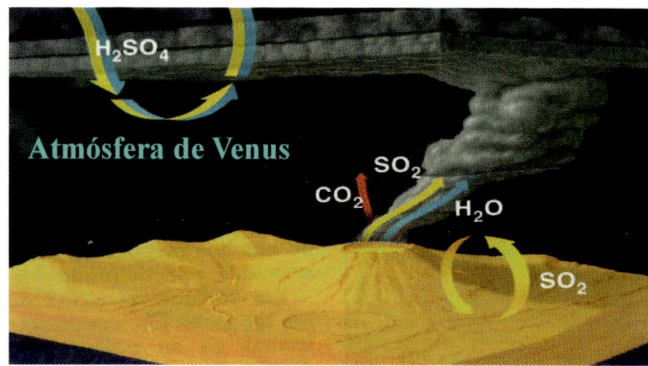

16.- Justifica si una disolución 1 M de KH_2PO_4 es ácida, básica o neutra. *(H₃PO₄: pKₐ₁ = 2,2; pKₐ₂ = 7,1 y pKₐ₃ = 12,3)*

SOLUCION

En agua el anión de esta sal soluble es anfótero, por lo que, para saber el carácter de la disolución debemos comparar los valores de las constantes de los equilibrios ácido-base que se establecen:

$H_2PO_4^- + H_2O \leftrightarrows HPO_4^{-2} + H_3O^+$ $K_{a_2} = 10^{-7,1} = 7,94 \cdot 10^{-8} = \dfrac{K_w}{K_{a_1}} = \dfrac{10^{-14}}{0,0063} = 1,6 \cdot 10^{-12}$

$H_2PO_4^- + H_2O \leftrightarrows H_3PO_4 + HO^-$ $K_{base\ conjugada\ de\ H_3PO_4}$

La disolución será ACIDA, porque $K_{a_2} \gg K_{base\ conjugada}$

17.- Justifica si se formará algún precipitado en las siguientes disoluciones acuosas:

a) Adición de 1,06 g de LiCl a 1 litro de una disolución de HF 0,1 M

b) Adición de 10^{-6} moles de AuNO$_3$ a 10 litros de agua. *(pK$_{HF}$ = 3,2; K$_{psLiF}$ = 0,005 y K$_{psAuOH}$ = 8·10^{-20})*

SOLUCION

a) Sal soluble: $[LiCl]_o = [Li^+]_o = \dfrac{1,06}{42,4} = 0,025\ M$

HF + H$_2$O $\leftrightarrows$ F$^-$ + H$_3$O$^+$

Eq   0,1 – x   x   x

                +

              Li$^+$

             0,025

$K_a = 10^{-3,2} = 6,3 \cdot 10^{-4} = \dfrac{x^2}{0,1-x} \approx \dfrac{x^2}{0,1}$

$x = [F^-] = 6,3 \cdot 10^{-5}\ M$

$Q = [F^-]_o [Li^+]_o = 0,025 \cdot 6,3 \cdot 10^{-5} = 1,6 \cdot 10^{-6}$

No precipita, porque Q < K$_{psLiF}$

b) Sal soluble: $[AuNO_3]_o = [Au^+]_o = \dfrac{10^{-6}}{10} = 10^{-7} M$

$K_{psAuOH} = 8 \cdot 10^{-20}$

H$_2$O + H$_2$O $\leftrightarrows$ HO$^-$ + H$_3$O$^+$

                     10^{-7}

                        +

                      Au$^+$ $\leftrightarrows$ AuOH$_{(s)}$

                      10^{-7}

$Q = [HO^-]_o [Au^+]_o = 10^{-7} \cdot 10^{-7} = 10^{-14}$

Precipita, porque Q > K$_{psAuOH}$

18.- Demuestra que la fracción molar de Mioglobina oxigenada es: $X_{MbO_2} = \dfrac{P_{O_2}}{P_{O_2} + K}$

SOLUCION

Mb-O$_{2(ac)}$ $\leftrightarrows$ Mb$_{(ac)}$ + O$_{2(g)}$ $K = \dfrac{[Mb]P_{O_2}}{[MbO_2]}$

$X_{MbO_2} = \dfrac{[MbO_2]}{[Mb] + [MbO_2]} = \dfrac{\dfrac{[Mb]P_{O_2}}{K}}{[Mb] + \dfrac{[Mb]P_{O_2}}{K}} = \dfrac{P_{O_2}}{P_{O_2} + K}$

19.- Justifica como estaría cargado mayoritariamente el centro activo de esta enzima a pH = 7.

Centro Activo de la enzima

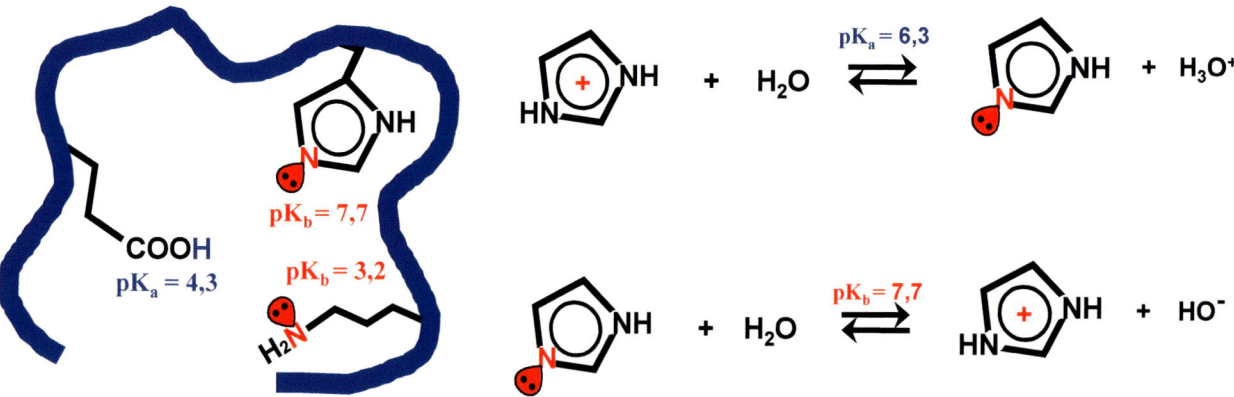

SOLUCION

Imidazol será neutro porque pH < pK$_b$

$$K_a = 10^{-6,3} = \frac{[Imz][H_3O^+]}{[ImzH^+]} = \frac{[Imz]10^{-7}}{[ImzH^+]}$$

[Imz] = $10^{0,7}$[ImzH$^+$] = 5[ImzH$^+$] el imidazol mayoritariamente está sin carga

$$K_b = 10^{-7,7} = \frac{[ImzH^+][HO^-]}{[Imz]} = \frac{[ImzH^+]10^{-7}}{[Imz]}$$

[ImzH$^+$] = $10^{-0,7}$[Imz] = 0,2[ImzH$^+$]

El imidazol mayoritariamente está sin carga

Acido carboxílico estará cargado negativamente porque pH > pK$_a$

$$K_a = 10^{-4,3} = \frac{[RCOO^-][H_3O^+]}{[RCOOH]} = \frac{[RCOO^-]10^{-7}}{[RCOOH]}$$

[RCOO$^-$] = 501[RCOOH]

Amina estará cargada positivamente porque el pH > pK$_b$

$$K_b = 10^{-3,2} = \frac{[RNH_3^+][HO^-]}{[RNH_2]} = \frac{[RNH_3^+]10^{-7}}{[RNH_2]}$$

[RNH$_3^+$] = 6310[RNH$_2$]

20.- La siguiente reacción ocurre en una disolución de volumen constante

a) Ajusta la reacción química que tiene lugar

b) Calcula la constante de equilibrio.

c) Describe el cambio que ha ocurrido en el minuto 6.

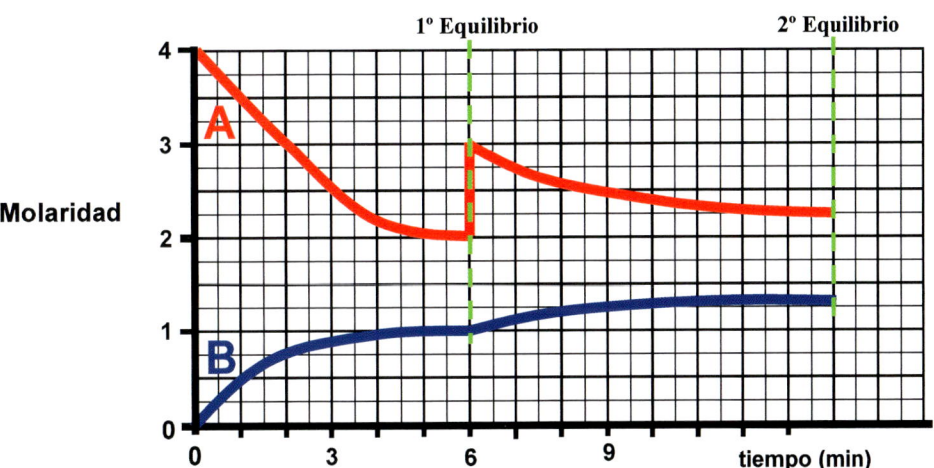

SOLUCION

a) Cuando se alcanza el 1º equilibrio se ha formado 1 mol de B y han desaparecido 2 moles de A, luego la estequiometría de la reacción es: **2A ⇆ B**

b) $K_{eq} = \dfrac{[B]}{[A]^2} = \dfrac{1}{2^2} = 0,25$

c) En el minuto 6 aumenta bruscamente la concentración del reactivo, A. Esto rompe el equilibrio y lo desplaza hacia la izquierda hasta alcanzar un 2º equilibrio. Las [A] y [B] en el 2º equilibrio son distintas a las del 1º.

21.- Di si las siguientes disoluciones son ácidas, básicas o neutras:

a) NH_4CN $\qquad\qquad\qquad\qquad$ ($K_{HCN} = 4 \cdot 10^{-10}$ y $K_{NH_3} = 1,8 \cdot 10^{-5}$)

b) $NaHCO_3$ $\qquad\qquad\qquad\qquad$ (H_2CO_3: $K_{a1} = 4,5 \cdot 10^{-7}$ y $K_{a2} = 4,7 \cdot 10^{-11}$)

SOLUCION

a)

$$^-CN + H_2O \leftrightarrows HCN + HO^- \qquad K_{CN^-} = \frac{K_w}{K_{HCN}} = \frac{10^{-14}}{4 \cdot 10^{-7}} = 2,5 \cdot 10^{-5}$$

$$NH_4^+ + H_2O \leftrightarrows NH_3 + H_3O^+ \qquad K_{NH_4^+} = \frac{K_w}{K_{NH_3}} = \frac{10^{-14}}{1,8 \cdot 10^{-5}} = 5,56 \cdot 10^{-10}$$

$$K_{NH_3} \gg K_{HCN} \qquad \text{por tanto} \qquad K_{CN^-} \gg K_{amonio} \qquad \text{Luego la disolución es } básica$$

b)

$$HCO_3^- + H_2O \leftrightarrows H_2CO_3 + HO^- \qquad K_{bicarbonato\ como\ base} = \frac{K_w}{K_{a1}} = \frac{10^{-14}}{4,5 \cdot 10^{-7}} = 2,2 \cdot 10^{-8}$$

$$HCO_3^- + H_2O \leftrightarrows CO_3^{-2} + H_3O^+ \qquad K_{a2} = 4,7 \cdot 10^{-11}$$

$$K_{bicarbonato\ como\ base} \gg K_{a2} \qquad \text{Luego la disolución es } básica$$

22.- En el tejido muscular la P_{O_2} es baja, y cuando se realiza un esfuerzo importante se acidifica el medio. A partir, del siguiente equilibrio en el suero sanguíneo en contacto con células musculares, contesta:

$$H_3O^+_{(ac)} + Hb(O_2)_{(ac)} \leftrightarrows {}^+H-Hb_{(ac)} + O_{2(g)} + H_2O_{(l)} \qquad\qquad K = 5,4 \cdot 10^5$$

a) ¿Qué efecto bioquímico tiene el ácido láctico?.

b) ¿Qué fracción molar (%) de hemoglobina está oxigenada, si $P_{O_2} = 20$ mmHg y el pH es 6,8?

SOLUCION

a) En un medio ácido rico en protones, el equilibrio se desplaza hacia más liberación de O_2, para que las células musculares se queden sin *"comburente"* para continuar trabajando.

b) $\quad 5,4 \cdot 10^5 = \dfrac{[^+HHb] \cdot P_{O_2}}{[H_3O^+][HbO_2]} = \dfrac{[^+HHb] \cdot \frac{20}{760}}{1,6 \cdot 10^{-7} \cdot [HbO_2]} \qquad\qquad [^+HHb] = 3,28[HbO_2]$

$$X_{HbO_2} = \frac{[HbO_2]}{[HbO_2] + [^+HHb]} = \frac{0,304[^+HHb]}{0,304[^+HHb] + [^+HHb]} = \frac{0,304}{1,304} = 0,233 \ o \ 23,3\%$$

23.- A partir de los siguientes datos de la reacción catalizada por la enzima CMP-Neu5Ac sintetasa.

k(L·mol⁻¹·s⁻¹):	0,031	0,038	0,047	0,057
T(K):	296	302	308	314

Calcula gráficamente la energía de activación, E_a, de la reacción. *(R = 8,314 J/mol·K)*

SOLUCION

Emplear la ecuación de Arrhenius: $k = A \cdot e^{-\frac{E_a}{R \cdot T}}$

y transformarla en una ecuación logarítmica: $\boldsymbol{Ln}k = LnA \; - \; \dfrac{E_a}{R} \cdot \dfrac{1}{T}$

Lnk:	- 3,47	- 3,27	- 3,06	- 2,86
$1/_T$:	$3,38 \cdot 10^{-3}$	$3,31 \cdot 10^{-3}$	$3,25 \cdot 10^{-3}$	$3,18 \cdot 10^{-3}$

Representamos los puntos de la variable dependiente *Lnk* e independiente $1/_T$ y trazamos una recta que se ajuste lo mejor posible a los mismos.

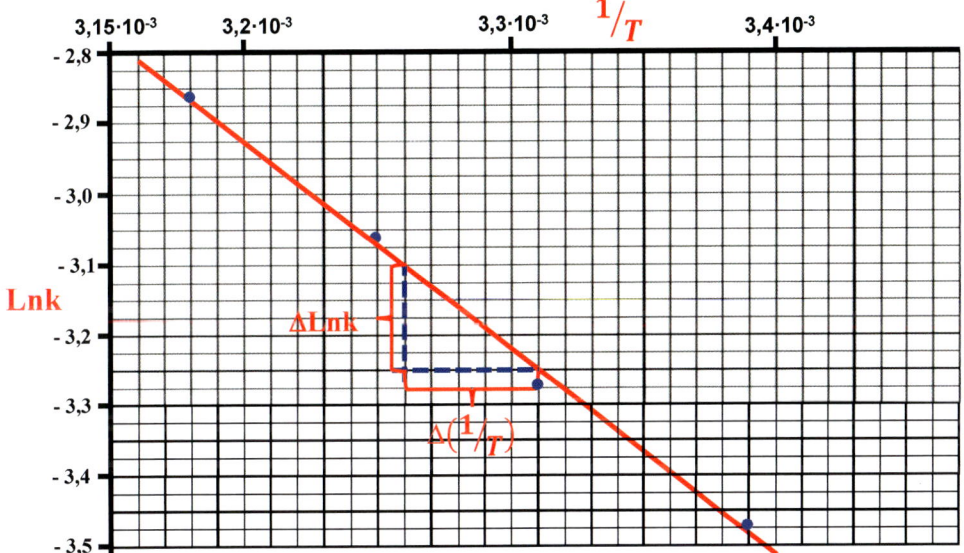

$$\textit{Pendiente de la recta de ajuste} = m = \frac{\Delta y}{\Delta x} = \frac{\Delta Lnk}{\Delta(1/_T)} = \frac{-3,25 - (-3,1)}{(3,31 - 3,26)10^{-3}} \approx - \, 3000 = -\frac{E_a}{R}$$

$$\mathbf{E_a} = \text{- R} \cdot \text{m} = \text{- } 8,314 \cdot (\text{- } 3000) \approx 25000 \text{ J/mol}$$

24.- A partir de la figura averigua qué tipo de hemoglobina, **Hb**, tiene mayor afinidad por el O_2.

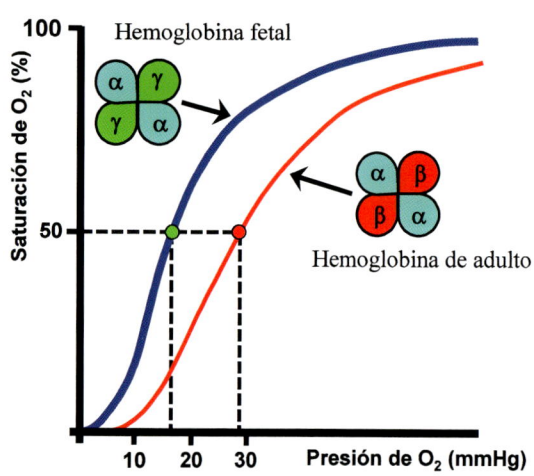

Saturación al 50 %, significa que $[Hb(O_2)_4] = [Hb]$

SOLUCION

Estimamos la afinidad por el O_2 de cada hemoglobina, calculando sus constantes de equilibrio cuando la saturación en O_2 de cada hemoglobina es del 50 %:

$$Hb^{adulto}_{(ac)} \quad + \quad 4O_{2(g)} \quad \leftrightarrows \quad Hb(O_2)_4^{adulto}_{(ac)} \qquad K_{adulto} = \frac{[Hb(O_2)_4]}{[Hb]P^4_{O_2}} = \frac{1}{P^4_{O_2}} = \frac{1}{\left(\frac{29}{760}\right)^4} = 4,7 \cdot 10^5$$

$$Hb^{fetal}_{(ac)} \quad + \quad 4O_{2(g)} \quad \leftrightarrows \quad Hb(O_2)_4^{fetal}_{(ac)} \qquad K_{fetal} = \frac{[Hb(O_2)_4]}{[Hb]P^4_{O_2}} = \frac{1}{P^4_{O_2}} = \frac{1}{\left(\frac{17}{760}\right)^4} = 4 \cdot 10^6$$

La hemoglobina fetal tiene mayor afinidad por el O_2 que la hemoglobina de la madre porque $K_{fetal} > K_{adulto}$

25.- Cuando se disuelve en agua la sal clorito sódico, **NaClO$_2$**, ocurre:

a) $NaClO_2 \quad + \quad H_2O \quad \leftrightarrows \quad NaOH_{(s)} \quad + \quad HClO_{2(ac)}$

b) No ocurre ninguna reacción con el agua

c) $NaClO_2 \quad + \quad H_2O \quad \leftrightarrows \quad Na_{(s)} \quad + \quad HClO_{2(ac)} \quad + \quad HO^-_{(ac)}$

d) $NaClO_2 \quad + \quad H_2O \quad \leftrightarrows \quad Na^+_{(ac)} \quad + \quad HClO_{2(ac)} \quad + \quad HO^-_{(ac)}$

26.- A partir del gráfico que representa los equilibrios ácido-base de la Glicina, averigua:

a) Las constantes de acidez de la Glicina

b) La concentración de todas las especies de glicina a pH fisiológico ≈ 7,4

SOLUCION

$^+H_3NCH_2COOH = {}^+HGH$ $\qquad$ $^+H_3NCH_2COO^- = GH$ $\qquad$ $H_2NCH_2COO^- = G^-$

a)

$^+HGH + H_2O \leftrightarrows GH + H_3O^+ \qquad K_{a1}$

Se calcula a partir de la condición $[^+HGH] = [GH]$

En dicho punto $pH = pK_{a1} = 2,2 \quad \Rightarrow \quad K_{a1} = 0,0045$

$GH + H_2O \leftrightarrows G^- + H_3O^+ \qquad K_{a2}$

Se calcula a partir de la condición $[GH] = [G^-]$

En dicho punto $pH = pK_{a2} = 9,6 \quad \Rightarrow \quad K_{a2} = 2,5 \cdot 10^{-10}$

b)

$[^+HGH] = 10^{-7} M$

$[GH] = 0,01 M$

$[G^-] = 5 \cdot 10^{-5} M$

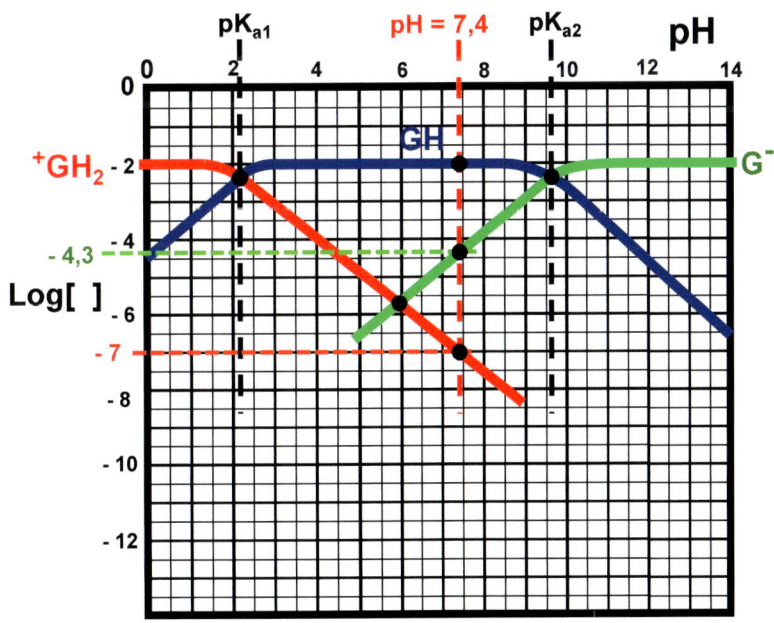

27.- A partir de las reacciones:

$$1) \quad 2HI \leftrightarrows H_2 + I_2 \qquad K_1 = 0,016$$

$$2) \quad 2ICl \leftrightarrows Cl_2 + I_2 \qquad K_2 = 0,11$$

a) Calcula la constante de equilibrio, K_e, de la reacción: $HI + \frac{1}{2}Cl_2 \leftrightarrows \frac{1}{2}H_2 + ICl$

b) Justifica si la reacción es endotérmica o exotérmica, sabiendo que la K_e disminuye al aumentar la temperatura, t^a.

SOLUCION

$$HI \leftrightarrows \frac{1}{2}H_2 + \frac{1}{2}I_2 \qquad\qquad K'_1 = \sqrt{K_1}$$

$$\frac{1}{2}Cl_2 + \frac{1}{2}I_2 \leftrightarrows ICl \qquad\qquad K'_{inversa\ de\ 2} = \sqrt{\frac{1}{K_2}}$$

Sumando ambas reacciones

$$HI + \frac{1}{2}Cl_2 \leftrightarrows \frac{1}{2}H_2 + ICl \qquad K_e = \sqrt{\frac{K_1}{K_2}} = \sqrt{\frac{0,016}{0,11}} = 0,38$$

Al aumentar la t^a, la K_e disminuye y el equilibrio se desplaza hacia la izquierda. Por tanto, la reacción es exotérmica.

28.- Sea el equilibrio:

$$C_{(s)} + \frac{1}{2}O_{2(g)} \leftrightarrows CO_{(g)} \qquad \Delta H^o = -26,4\ Kcal/mol$$

¿Cuáles de las siguientes operaciones provoca mayor desplazamiento del equilibrio hacia la derecha?:

a) Reducir el volumen del reactor.

b) Aumentar la temperatura, t^a.

c) Aumento del volumen del reactor por adición de $N_{2(g)}$.

d) Adición de un catalizador y disminución de la t^a.

e) Adición de Carbono sólido, sin variación del volumen del reactor.

29.- Justifica si las disoluciones acuosas de las siguientes sales, son básicas, ácidas o neutras:

a) KCl   **b) NH$_4$I**   **c) Na$_3$PO$_4$**   **d) AlCl$_3$**

SOLUCION

a) $KCl \rightarrow K^+ + Cl^-$

Esta sal procede de la reacción de la base fuerte KOH con el ácido fuerte HCl, luego, los iones de la sal no reaccionan con el agua y el pH sigue siendo 7, disolución neutra.

b) $NH_4I \rightarrow NH_4^+ + I^-$

Esta sal procede de la reacción de la base débil NH$_3$ con el ácido fuerte HI. Por tanto, el anión de la sal no reacciona con el agua, pero el catión sí: $NH_4^+ + H_2O \leftrightarrows NH_3 + H_3O^+$ disolución ácida

c) $PO_4Na_3 \rightarrow 3Na^+ + PO_4^{-3}$

Esta sal procede de la reacción de la base fuerte NaOH con el ácido débil H$_3$PO$_4$. Por tanto, los cationes de la sal no reaccionan con el agua, pero el anión sí: $PO_4^{-3} + H_2O \leftrightarrows HPO_4^{-2} + HO^-$ disolución básica

d) $Cl_3Al \rightarrow Al^{+3} + 3Cl^-$

Los aniones no reaccionan con el agua, pero el catión del metal pesado tiene una elevada relación Carga/Radio y reacciona con el agua: $Al^{+3} + H_2O \leftrightarrows Al(OH)^{+2} + H_3O^+$ disolución ácida

30.- En un recipiente cerrado a 420 °C tiene lugar el siguiente equilibrio:

$$HgO_{(s)} \leftrightarrows Hg_{(l)} + \tfrac{1}{2}O_{2(g)} \qquad \Delta H^\circ > 0$$

Indica si la presión del oxígeno en equilibrio aumenta, disminuye o permanece constante cuando:

a) Se añade mercurio líquido

b) Se añade oxígeno

c) Se baja la temperatura.

d) Se comprime el sistema

e) Se añade nitrógeno gas.

SOLUCION

La constante de equilibrio cuya expresión es: $K = \sqrt{P_{O_2}}$, solo se modifica si cambia la tª.

a) Se añade mercurio líquido.	Permanece constante
b) Se añade oxígeno.	Permanece constante
c) Se baja la temperatura.	Disminuye porque la reacción es endotérmica
d) Se comprime el sistema.	Permanece constante
e) Se añade nitrógeno gas.	Permanece constante

31.- A partir de la información de los siguientes equilibrios a 37 °C:

(1) $ADP + HPO_4^{-2} + H_3O^+ \leftrightarrows ATP^- + 2H_2O$ $\Delta G_1^* = +34,5\ kJ/mol$

(2) $Glucosa + HPO_4^{-2} + H_3O^+ \leftrightarrows Glucosa-6-P^- + 2H_2O$ $\Delta G_2^* = +13,3\ kJ/mol$

(3) $Glucosa-1-P^- \leftrightarrows Glucosa-6-P^-$ $\Delta G_3^* = -7,1\ kJ/mol$

Calcula la constante del equilibrio de acoplamiento, a 37°C:

$$Glucosa + ATP^- \leftrightarrows Glucosa-1-P^- + ADP$$

SOLUCION

La reacción de acoplamiento es la suma de la reacción (2) más la inversa de la reacción (1) y más la inversa de la reacción (3):

(2) $Glucosa + HPO_4^{-2} + H_3O^+ \leftrightarrows Glucosa-6-P^- + 2H_2O$ K_2

+

Inversa (1) $ATP^- + 2H_2O \leftrightarrows ADP + HPO_4^{-2} + H_3O^+$ $K_{1,inversa} = \dfrac{1}{K_1}$

+

Inversa (3) $Glucosa-6-P^- \leftrightarrows Glucosa-1-P^-$ $K_{3,inversa} = \dfrac{1}{K_3}$

$Glucosa + ATP^- \leftrightarrows Glucosa-1-P^- + ADP$ $K_{global} = \dfrac{K_2}{K_1 \cdot K_3} = \dfrac{5,74 \cdot 10^{-3}}{(1,537 \cdot 10^{-6}) \cdot 15,72} = 237,6$

$$LnK_1 = -\frac{\Delta G_1^*}{RT} = -\frac{34500}{8,314 \cdot 310} = -13,386 \qquad K_1 = 1,537 \cdot 10^{-6}$$

$$LnK_2 = -\frac{\Delta G_2^*}{RT} = -\frac{13300}{8,314 \cdot 310} = -5,16 \qquad K_2 = 5,74 \cdot 10^{-3}$$

$$LnK_3 = -\frac{\Delta G_3^*}{RT} = -\frac{-7100}{8,314 \cdot 310} = +2,755 \qquad K_3 = 15,72$$

32.- El equilibrio bioquímico relevante de unión del oxígeno a la hemoglobina, Hb, es:

$$HbH_4^{4+}{}_{(ac)} \ + \ 4O_{2(g)} \ \leftrightarrows \ Hb(O_2)_{4(ac)} \ + \ 4H^+{}_{(ac)}$$

A partir de la información de este equilibrio, contesta a las siguientes preguntas:

a) Justifica qué forma de hemoglobina es favorecida en los pulmones, y cuál en las células musculares.

SOLUCION

En los pulmones, $Hb(O_2)_4$, porque la presión parcial del oxígeno, P_{O_2}, es muy alta

En las células musculares, HbH_4^{4+}, porque la P_{O_2} es muy baja

b) En algunas enfermedades, los riñones no pueden eliminar suficiente ácido del organismo, y se produce una patología denominada acidosis. Explica brevemente cómo afectaría al transporte de oxígeno por la hemoglobina.

SOLUCION

Si aumenta la concentración de ácido baja el pH y el equilibrio se desplaza hacia la izquierda, disminuyendo la concentración de hemoglobina oxigenada $[Hb(O_2)_4]$, desprendiéndose O_2 y disminuyendo su transporte.

c) ¿Qué efecto tiene inyectar a una persona que ha sufrido una insuficiencia cardiaca (hipoxia), una disolución de $NaHCO_3$?

SOLUCION

Durante una hipoxia se produce una disminución drástica de la P_{O_2}. Al inyectar bicarbonato se alcaliniza el medio y el equilibrio se desplaza hacia la derecha, aumentando la $[Hb(O_2)_4]$.

33.- Sea el equilibrio:

$$N_2O_{4(g)} \leftrightarrows 2NO_{2(g)} \qquad \Delta H°_r = + 58,2 \text{ kJ}$$

El N_2O_4 es incoloro y el NO_2 es rojizo. En dos recipientes cerrados transparentes e idénticos, uno a 300 °C y el otro a 500 °C, hubo inicialmente la misma masa de N_2O_4. Justifica:

a) Que recipiente adquirió antes un color rojizo.

b) Que recipiente se puso de un color rojizo más intenso.

SOLUCION

a) El recipiente más caliente, porque a mayor temperatura, tª, la velocidad de reacción aumenta y se alcanza antes el equilibrio de formación del gas NO_2 de color rojizo.

b) El recipiente más caliente, porque como la reacción es endotérmica, un aumento de tª incrementa la constante de equilibrio y por tanto, se forma más cantidad de NO_2.

34.- Sea el equilibrio:

$$2H_2O \leftrightarrows H_3O^+_{(ac)} + HO^-_{(ac)} \qquad \Delta H°_r = + 56 \text{ kJ}$$

Para el agua pura a 100 °C, indica cuál de las siguientes propuestas es la correcta:

a) pH = pOH = 7

b) pH = pOH > 7

c) pH > 7 y pOH < 7

d) pH < 7 y pOH > 7

e) pH = pOH < 7

(La reacción es endotérmica, por lo que K_w aumenta con la temperatura, produciéndose más H_3O^+ y más HO^-, pero en la misma cantidad).

35.- Justifica cómo será el pH de las disoluciones equimolares de cada uno de los siguientes aminoácidos, sabiendo que los $pK_{ácido}$ son iguales a los pK_{base} de sus grupos ionizables en agua:

a)

Prolina

b)

Lisina

c)

Glutámico

d)

Serina

SOLUCION

a) Neutro, porque tiene un grupo amino, básico, y un grupo carboxilo, ácido, ambos con el mismo pK.

b) Básico, porque tiene 2 grupos amino básicos y un grupo carboxilo.

c) Acido, porque tiene 2 grupos carboxilo ácidos, y un grupo amino.

d) Neutro, porque tiene un grupo amino básico, un grupo carboxilo ácido y un grupo –OH que no se ioniza en agua.

36.- A partir de los datos de los siguientes equilibrios en condiciones estándar:

(1) $2CO_{2(g)} \leftrightarrows O_{2(g)} + 2CO_{(g)}$ $K_1 = 1,6 \cdot 10^{-5}$

(2) $C_{(s)} + \frac{1}{2}O_{2(g)} \leftrightarrows CO_{(g)}$ $\Delta G° = -137,16 \text{ kJ/mol}$

Calcula a 25 °C, la constante del equilibrio: $C_{(s)} + O_{2(g)} \leftrightarrows CO_{2(g)}$

SOLUCION

La reacción: $C_{(s)} + O_{2(g)} \leftrightarrows CO_{2(g)}$ se obtiene de sumar la reacción (2) a la inversa de la reacción (1) multiplicada por ½

(2) $C_{(s)} + \frac{1}{2}O_{2(g)} \leftrightarrows CO_{(g)}$ $K_2 = e^{-\frac{G°}{RT}} = e^{-\frac{-137160}{8,314 \cdot 298}} = e^{55,36} = 1,1 \cdot 10^{24}$

+

½·inversa (1) $CO_{(g)} + \frac{1}{2}O_{2(g)} \leftrightarrows CO_{2(g)}$ $K'_{inversa\ de\ 1} = \sqrt{\frac{1}{K_1}} = \sqrt{\frac{1}{1,6 \cdot 10^{-5}}} = 250$

$C_{(s)} + O_{2(g)} \leftrightarrows CO_{2(g)}$ $K_3 = K_2 \cdot K'_1 = 1,1 \cdot 10^{24} \cdot 250 = 2,75 \cdot 10^{26}$

37.- Calcula el pH de una disolución reguladora de 100 ml en la que se disolvieron 1 g de H_3PO_4 y 3,4 g de KH_2PO_4.

SOLUCION

$$[H_3PO_4]_{inicial} = \frac{\frac{1}{98}}{0,1} = 0,102\ M \qquad\qquad [KH_2PO_4]_{inicial} = \frac{\frac{3,4}{136,1}}{0,1} = 0,25\ M$$

	KH_2PO_4	$\rightarrow$	K^+	$+$	$HPO_4^-{}_{(ac)}$
Inic	0,25		0		0
Final	0		0,25		0,25

	$H_3PO_{4(ac)}$	$+$	H_2O	$\leftrightarrows$	$H_2PO_4^-{}_{(ac)}$	$+$	$H_3O^+{}_{(ac)}$	$K_{a,1} = 10^{-2,125} = 7,5 \cdot 10^{-3}$
Inic	0,102				0,25		10^{-7}	
Eq	0,102				0,25		x	

$$K_{a,1} = \frac{[H_2PO_4^-]_{eq}[H_3O^+]_{eq}}{[H_3PO_4]_{eq}} \approx \frac{[KH_2PO_4]_o[H_3O^+]_{eq}}{[H_3PO_4]_{inicial}} = \frac{0,25 \cdot x}{0,102} = 7,5 \cdot 10^{-3}$$

x = [H₃O⁺] = 0,00306 $\qquad\qquad\qquad$ pH = 2,51

38.- A un paciente que sufre alcalosis, el pH de la sangre le subió a 7,6. Calcula la relación $\dfrac{[H_2CO_3]}{[HCO_3^-]}$ en el suero sanguíneo.

SOLUCION

$$H_2CO_3 \quad + \quad H_2O \quad \leftrightarrows \quad HCO_3^- \quad + \quad H_3O^+ \qquad K_{a1} = 4,47 \cdot 10^{-7}$$

$$K_{a,1} = \frac{[HCO_3^-]_{eq}[H_3O^+]_{eq}}{[H_2CO_3]_{eq}} = \frac{[HCO_3^-]_{eq} \cdot 2,51 \cdot 10^{-8}}{[H_2CO_3]_{eq}} = 4,47 \cdot 10^{-7}$$

$$\frac{[HCO_3^-]_{eq}}{[H_2CO_3]_{eq}} = 17,81 \qquad\qquad \frac{[H_2CO_3]_{eq}}{[HCO_3^-]_{eq}} = 0,056$$

39.- A una disolución que contiene $TlNO_3$ disuelto se le añade la sal soluble Na_2S hasta que en disolución permanecen 0,1 μg de Tl^+. Calcula la $[S^{-2}]$, si el volumen final de la disolución es de 250 ml. *(K_{ps} de $Tl_2S = 6,31 \cdot 10^{-22}$)*

SOLUCION

$$[Tl^{+2}] = \frac{\frac{10^{-7}}{204,4}}{0,25} = 1,96 \cdot 10^{-9} \ M$$

$$Tl_2S_{(s)} \ \leftrightarrows \ 2Tl^+_{(ac)} \ + \ S^{-2}_{(ac)}$$
$$\qquad\qquad\quad 1,96 \cdot 10^{-9} \qquad x$$

$K_{ps} = [Tl^+]^2[S^{-2}] = 6,31 \cdot 10^{-22}$

$Q = K_{ps}$

$[1,96 \cdot 10^{-9}]^2 \cdot x = 6,31 \cdot 10^{-22}$

$x = [S^{-2}] = 1,64 \cdot 10^{-4} \ M$

40.- ¿Qué volumen de una disolución acuosa 0,9 M de HNO_3 neutraliza una disolución que contiene 1,17 g de $Al(OH)_3$?. Indica si la disolución resultante será ácida, neutra o básica.

SOLUCION

$$3HNO_{3(ac)} \ + \ Al(OH)_{3(ac)} \ \rightarrow \ Al^{+3}_{(ac)} \ + \ NO_3^-{}_{(ac)} \ + \ 3H_2O$$

Estequiometría de la reacción: 3 moles de ácido nítrico neutralizan 1 mol de trihidróxido de aluminio, $Al(OH)_3$

Moles de $Al(OH)_3 = 1,17/78$ g/mol $= 0,015$

Moles de ácido nítrico que se necesitan para la neutralización: $3 \cdot 0,015 = 0,045$

$0,045 = V_{\text{disolución ácido nítrico}} \cdot M_{\text{disolucion ácido nítrico}}$

$0,045 = V_{\text{disolución ácido nítrico}} \cdot 0,9 \qquad\qquad V_{\text{disolución ácido nítrico}} = 0,05$ litros

En el punto de equivalencia de la neutralización, hay 2 iones, Al^{+3} y NO_3^-, y uno de ellos reacciona con el agua

$$Al^{+3}_{(ac)} \ + \ 6H_2O \ \leftrightarrows \ Al(HO)_{3(s)} \ + \ 3H_3O^+$$

$NO_3^-{}_{(ac)} \ + \ H_2O \ \rightarrow$ No hay reacción porque NO_3^- es la base conjugada de un ácido fuerte

La disolución resultante en el punto de equivalencia de la neutralización es ácida.

41.- Despreciando cualquier equilibrio ácido-base simultáneo con el disolvente. Ordena las siguientes sustancias de menor a mayor solubilidad en agua: BiI_3, Tl_2S, $Fe(OH)_2$ y $Mg_3(PO_4)_2$.

SOLUCION

$$BiI_{3(s)} \leftrightarrows Bi^{+3}_{(ac)} + 3I^-_{(ac)}$$
$\quad$ -s $\qquad$ s $\qquad$ 3s

$K_{ps} = [Bi^{+3}][I^-]^3 = s[3s]^3 = 27s^4 = 7,94 \cdot 10^{-19}$

$s = 1,3 \cdot 10^{-5}$ M

$$Tl_2S_{(s)} \leftrightarrows 2Tl^+_{(ac)} + S^{-2}_{(ac)}$$
$\quad$ -s $\qquad$ 2s $\qquad$ s

$K_{ps} = [Tl^+]^2[S^{-2}] = [2s]^2 \cdot s = 4s^3 = 6,3 \cdot 10^{-22}$

$s = 5,4 \cdot 10^{-8}$ M

$$Fe(OH)_{2(s)} \leftrightarrows Fe^{+2}_{(ac)} + 2HO^-_{(ac)}$$
$\quad$ -s $\qquad$ s $\qquad$ 2s

$K_{ps} = [Fe^{+2}][HO^-]^2 = s[2s]^2 = 4s^3 = 5 \cdot 10^{-17}$

$s = 2,3 \cdot 10^{-6}$ M

$$Mg_3(PO_4)_{2(s)} \leftrightarrows 3Mg^{+2}_{(ac)} + 2PO_4^{-3}_{(ac)}$$
$\quad$ -s $\qquad$ 3s $\qquad$ 2s

$K_{ps} = [Mg^{+2}]^3[PO_4^{-3}]^2 = [3s]^3[2s]^2 = 108s^5 = 10^{-24}$

$s = 6,2 \cdot 10^{-6}$

$$Tl_2S_{(s)} < Fe(OH)_{2(s)} < Mg_3(PO_4)_{2(s)} < BiI_{3(s)}$$

42.– A partir de la expresión de la saturación de la mioglobina con oxígeno: $\quad s = \dfrac{K_e \cdot P_{O_2}}{1 + K_e \cdot P_{O_2}}$

$$Mb\text{-}O_{2(ac)} \leftrightarrows Mb_{(ac)} + O_{2(g)} \qquad K_e$$

Deduce la expresión de: $Log\left(\dfrac{s}{1-s}\right)$

SOLUCION

$$Log\left(\frac{s}{1-s}\right) = Log\left(\frac{\dfrac{K_e \cdot P_{O_2}}{1 + K_e \cdot P_{O_2}}}{1 - \dfrac{K_e \cdot P_{O_2}}{1 + K_e \cdot P_{O_2}}}\right) = Log\left(\frac{\dfrac{K_e \cdot P_{O_2}}{1 + K_e \cdot P_{O_2}}}{\dfrac{1 + K_e \cdot P_{O_2} - K_e \cdot P_{O_2}}{1 + K_e \cdot P_{O_2}}}\right) = Log(K_e \cdot P_{O_2}) = Log K_e + Log P_{O_2}$$

43.- A 37 °C, el equilibrio del agua es:

$$2H_2O_{(l)} \leftrightarrows H_3O^+_{(ac)} + HO^-_{(ac)} \qquad K_{w_{37°C}} = 2,5 \cdot 10^{-14}$$

a) Calcula el pH del agua neutra a dicha temperatura, tª.
b) Justifica si dicha reacción es exotérmica o endotérmica.

SOLUCION

a)

$K_w = [H_3O^+][HO^-] = 2,5 \cdot 10^{-14}$ 　　　　　Agua neutra: $[H_3O^+] = [HO^-]$

$p(K_w) = pH + pOH = 2pH = 13,62$ 　　　　　pH = 6,8

b) A 25 °C, la constante del equilibrio de autoionización del agua vale 10^{-14}, y a 37 °C aumenta hasta $2,5 \cdot 10^{-14}$, luego la reacción es endotérmica.

44.- Reacción de la fotosíntesis:

$$6CO_{2(g)} + 6H_2O_{(l)} \leftrightarrows C_6H_{12}O_{6(s)} + 6O_{2(g)} \qquad \Delta H° = + 669,62 \text{ kcal/mol}$$

Indica en qué casos una planta en un entorno controlado formaría más celulosa (polímero de glucosa):

a) Reduciendo el volumen del entorno por aumento de la presión: 　　NO afecta, porque el nº de moles gaseosos de los reactivos es igual al nº de moles gaseosos de los productos.

b) En verano más que en invierno: 　　SI, porque la reacción es endotérmica.

c) Regar la planta para aumentar el contenido de agua: 　　NO afecta la cantidad de agua, siempre que haya, pues es un líquido puro.

d) Aumento de las emisiones de CO_2 a la atmósfera: 　　SI afecta, porque aumenta la concentración de uno de los reactivos.

e) Aumento de la cantidad de enzima de la reacción: 　　Los catalizadores NO afectan a los equilibrios, solo a la velocidad con que se alcanzan.

45.- Los dibujos representan reacciones en equilibrio del tipo: $A_{(g)}$ + $B_{(g)}$ ⇆ $AB_{(g)}$

a	b	c	d
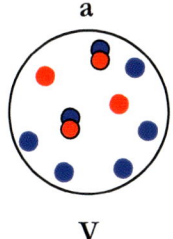	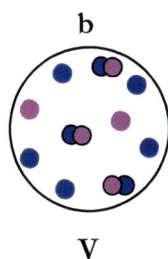	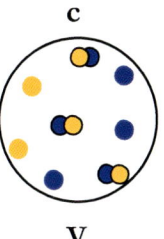	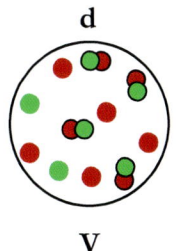
V	V	V	V

Justifica qué reacción tiene la constante de equilibrio más alta.

SOLUCION

a) $K_e = \dfrac{[AB]}{[A][B]} = \dfrac{\frac{2}{V}}{\frac{2}{V}\cdot\frac{5}{V}} = \dfrac{V}{5} = 0,2V$

b) $K_e = \dfrac{[AB]}{[A][B]} = \dfrac{\frac{3}{V}}{\frac{2}{V}\cdot\frac{5}{V}} = \dfrac{3V}{10} = 0,3V$

c) $K_e = \dfrac{[AB]}{[A][B]} = \dfrac{\frac{3}{V}}{\frac{2}{V}\cdot\frac{3}{V}} = \dfrac{V}{2} = 0,5V$

d) $K_e = \dfrac{[AB]}{[A][B]} = \dfrac{\frac{4}{V}}{\frac{2}{V}\cdot\frac{5}{V}} = \dfrac{4V}{10} = 0,4V$

46.- Indica para la reacción en equilibrio: $\frac{1}{4}S_{8(s)}$ + $3O_{2(g)}$ ⇆ $2SO_{3(g)}$, cuáles de las siguientes propuestas son verdaderas y cuáles falsas

a) La suma de concentraciones de los reactivos es igual a la suma de concentraciones de los productos. Falso

b) Las reacciones directa e inversa se han detenido. Falso

d) La velocidad de la reacción directa es igual a la velocidad de la reacción inversa. Verdadero

e) Todas las concentraciones son iguales. Falso

SEMINARIO 3

47.- A partir de las reacciones:

(1) $H_2O_{(l)}$ ⇄ $½H_3O^+_{(ac)}$ + $½HO^-_{(ac)}$ $\qquad$ $K'_w = 10^{-7}$

(2) $HCOOH_{(ac)}$ + $H_2O_{(l)}$ ⇄ $HCOO^-_{(ac)}$ + $H_3O^+_{(ac)}$ $\qquad$ $K_a = 1,77 \cdot 10^{-4}$

Calcula la constante de equilibrio de la reacción final:

$$HCOO^-_{(ac)} + H_2O_{(l)} ⇄ HCOOH_{(ac)} + HO^-_{(ac)}$$

SOLUCION

La reacción final es suma de la reacción (1) multiplicada por 2 más la inversa de la reacción (2).

2·reaccion (1): $2H_2O_{(l)}$ ⇄ $H_3O^+_{(ac)}$ + $HO^-_{(ac)}$ $\qquad$ $K_w = (K'_w)^2$

+

Inversa (2): $HCOO^-_{(ac)}$ + $H_3O^+_{(ac)}$ ⇄ $HCOOH_{(ac)}$ + $H_2O_{(l)}$ $\qquad$ $K_{base\,conjugada} = \dfrac{1}{K_{ác.\,fórmico}}$

$HCOO^-_{(ac)}$ + $H_2O_{(l)}$ ⇄ $HCOOH_{(ac)}$ + $HO^-_{(ac)}$ $\qquad$ $K_{final} = \dfrac{(K'_w)^2}{K_a} = \dfrac{10^{-14}}{1,77 \cdot 10^{-4}} = 5,65 \cdot 10^{-11}$

48.- A partir de las reacciones a 25 °C:

1) Glucosa-6-$P_{(ac)}$ ⇄ Glucosa-1-$P_{(ac)}$ $\qquad$ $K_1 = 0,0584$

2) Sacarosa$_{(ac)}$ + $P_{i(ac)}$ ⇄ Glucosa-1-$P_{(ac)}$ + Fructosa$_{(ac)}$ $\qquad$ $K_2 = 31,5$

3) Glucosa-6-$P_{(ac)}$ + $H_2O_{(l)}$ ⇄ Glucosa$_{(ac)}$ + $P_{i(ac)}$ $\qquad$ $\Delta G°_3 = -10,87$ kJ/mol

Calcula la K_{eq} de la reacción: **Glucosa$_{(ac)}$ + Fructosa$_{(ac)}$ ⇄ Sacarosa$_{(ac)}$ + $H_2O_{(l)}$**

SOLUCION

La reacción final es la suma de la reacción (1) más la inversa de la reacción (2) más la inversa de la reacción (3).

Reacción (1): Glucosa-6-$P_{(ac)}$ ⇄ Glucosa-1-$P_{(ac)}$ $\qquad$ $K_1 = 0,0584$

+

Inversa (2): Glucosa-1-$P_{(ac)}$ + Fructosa$_{(ac)}$ ⇄ Sacarosa$_{(ac)}$ + $P_{i(ac)}$ $\qquad$ $K_{inversa\,(2)} = \dfrac{1}{K_2} = \dfrac{1}{31,5}$

+

Inversa (3): Glucosa$_{(ac)}$ + $P_{i(ac)}$ ⇄ Glucosa-6-$P_{(ac)}$ + $H_2O_{(l)}$ $\qquad$ $K_{inversa\,(3)} = \dfrac{1}{K_3} = \dfrac{1}{e^{-\frac{\Delta G°_3}{RT}}} = \dfrac{1}{e^{\frac{(-10870)}{8,314 \cdot 298}}} = \dfrac{1}{80,43}$

Glucosa$_{(ac)}$ + Fructosa$_{(ac)}$ ⇄ Sacarosa$_{(ac)}$ + $H_2O_{(l)}$ $\qquad$ $K_{final} = \dfrac{K_1}{K_2 \cdot K_3} = \dfrac{0,0584}{31,5 \cdot 80,43} = 2,305 \cdot 10^{-5}$

49.- Indica como afecta a la constante de velocidad de la reacción: $O_{3(g)} \rightarrow O_{2(g)}$, los siguientes eventos:

a) Aumentar la energía de activación: Disminuye

b) Reducir la temperatura: Disminuye

c) Aumentar la presión del ozono: No le afecta

d) Reducir la energía cinética de las moléculas de ozono: Disminuye

e) Reducir la concentración de ozono. No le afecta

$$k = A e^{-\frac{E_a}{RT}} = P \cdot \text{velocidad de colisión} \cdot e^{-\frac{E_a}{RT}} = P \cdot \left((N_A \cdot d)^2 \sqrt{\frac{8(M_A + M_B)RT}{\pi M_A M_B}} \right) \cdot e^{-\frac{E_a}{RT}}$$

d = suma de los radios de las moléculas que colisionan

N_A = nº de Avogadro

M_A y M_B = masas molares

P = factor estérico, cuyo valor es < 1 porque representa el % de orientaciones adecuadas de colisión entre las moléculas para que se transformen en productos.

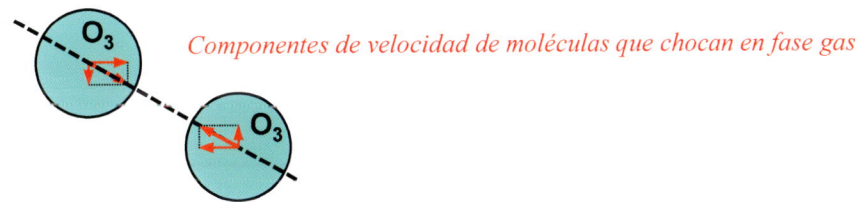

Componentes de velocidad de moléculas que chocan en fase gas

50.- A partir de las reacciones a 25 °C:

1) Glucosa-6-P$_{(ac)}$ $\leftrightarrows$ Glucosa-1-P$_{(ac)}$ $\qquad\qquad\qquad$ K$_1$ = 0,0584

2) Sacarosa$_{(ac)}$ + P$_{i(ac)}$ $\leftrightarrows$ Glucosa-1-P$_{(ac)}$ + Fructosa$_{(ac)}$ $\quad$ K$_2$ = 31,5

3) Glucosa-6-P$_{(ac)}$ + H$_2$O$_{(l)}$ $\leftrightarrows$ Glucosa$_{(ac)}$ + P$_{i(ac)}$ $\qquad$ ΔG°$_3$ = -10,87 kJ/mol

Calcula la K$_{eq}$ de la reacción: **Glucosa$_{(ac)}$ + Fructosa$_{(ac)}$ $\leftrightarrows$ Sacarosa$_{(ac)}$ + H$_2$O$_{(l)}$**

SOLUCION

La reacción final es la suma de la reacción (1) más la inversa de la reacción (2) más la inversa de la reacción (3).

Reacción (1): Glucosa-6-P$_{(ac)}$ $\qquad$ $\leftrightarrows$ $\qquad$ Glucosa-1-P$_{(ac)}$ $\qquad$ K$_1$ = 0,0584

$\mathbf{+}$

Inversa (2): Glucosa-1-P$_{(ac)}$ + Fructosa$_{(ac)}$ $\leftrightarrows$ Sacarosa$_{(ac)}$ + P$_{i(ac)}$ $\qquad$ $K_{inversa\ (2)} = \dfrac{1}{K_2} = \dfrac{1}{31,5}$

$\mathbf{+}$

Inversa (3): Glucosa$_{(ac)}$ + P$_{i(ac)}$ $\leftrightarrows$ Glucosa-6-P$_{(ac)}$ + H$_2$O$_{(l)}$ $\quad$ $K_{inversa\ (3)} = \dfrac{1}{K_3} = \dfrac{1}{e^{-\frac{\Delta G_3^o}{RT}}} = \dfrac{1}{e^{-\frac{(-10870)}{8,314\cdot298}}} = \dfrac{1}{80,43}$

Glucosa$_{(ac)}$ + Fructosa$_{(ac)}$ $\leftrightarrows$ Sacarosa$_{(ac)}$ + H$_2$O$_{(l)}$ $\qquad$ $K_{final} = \dfrac{K_1}{K_2 \cdot K_3} = \dfrac{0,0584}{31,5 \cdot 80,43} = 2,305 \cdot 10^{-5}$

51.- Cuál es el pH de una disolución acuosa 0,05 M de Ácido fórmico, cuyo pK_a vale 3,8 a 25 °C.

a) 4,00

b) 3,80

c) 1,91

d) 2,55

SOLUCION

$$HCOOH_{(aq)} \quad + \quad H_2O_{(l)} \quad \leftrightarrows \quad HCOO^-_{(aq)} \quad + \quad H_3O^+_{(aq)}$$

Inicial   0,05   0 10^{-7}

Equilibrio   0,05 - x   x   x

$$K_{\text{ácido fórmico}} = \frac{\left[HCOO^-_{(aq)}\right]_{eq}\left[H_3O^+_{(aq)}\right]_{eq}}{[HCOOH]_{eq}} = \frac{x \cdot x}{0,05 - x} = 10^{-3,8} = 1,585 \cdot 10^{-4}$$

Dado que $[HCOOH]_{inicial} > 100 K_{\text{ácido fórmico}}$ se puede hacer la siguiente simplicación en el denominador: $0,05 - x \approx 0,05$

$$K_{\text{ácido fórmico}} = \frac{x^2}{0,05} = 10^{-3,8} = 1,585 \cdot 10^{-4}$$

x = $[H_3O^+_{(aq)}]$ = 2,815·10^{-3} pH = 2,55

52.- Elige el indicador de la figura qué cambiará de color netamente durante cada uno de los siguientes procesos:

a) A una cantidad de agua se le añade una disolución de **NaOH** hasta que el pH de la disolución final vale 11

b) A una disolución 10^{-5} M de **HCl** se echan varios gramos de **KOH** hasta que el pH de la disolución final vale 9

c) A una disolución 0,07 M de **NaOH** se echan varios moles de **HBr** hasta que el pH de la disolución final vale 9

d) A una cantidad de agua se le añade una disolución de **HNO$_3$** hasta que el pH de la disolución final vale 2

SOLUCION

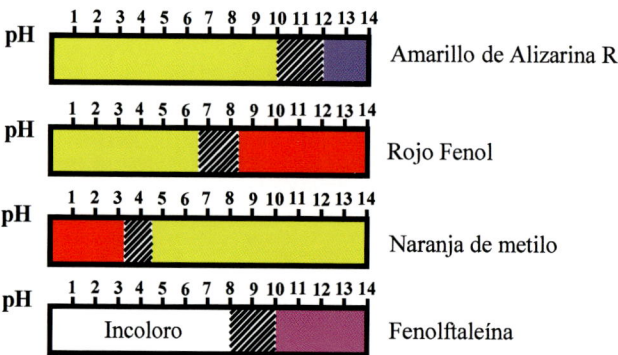

a) El indicador qué cambia de color netamente entre pH = 7 del agua pura, y pH = 11 de la disolución final, es la Fenolftaleína.

b) Calculo del pH de la disolución de partida: [HCl] = [H$_3$O$^+$] = 10^{-5} M pH = 5
El indicador qué cambia de color netamente entre pH = 5 de la disolución inicial y pH = 9 de la disolución final, es el Rojo Fenol.

c) Calculo del pH de la disolución de partida: [NaOH] = [HO$^-$] = 0,07 M pOH = 1,15
pH = 14 – 1,15 = 12,85. El indicador que cambia de color netamente entre pH = 12,85 de la disolución de NaOH, y pH = 9 de la disolución final, es el Amarillo de Alizarina R.

d) El indicador que cambia de color netamente entre pH = 7 del agua pura y pH = 2 de la disolución final, es el Naranja de metilo.

53.- La secuencia de reacciones que ocurren en un mechero para producir una llama es la siguiente:

1ª) $Ce + O_2 \ \leftrightarrows \ CeO_2$ $E_{a, directa} = 650$ kJ/mol   y $E_{a, inversa} = 1750$ kJ/mol

2ª) $C_4H_8 + 6O_2 \ \leftrightarrows \ 2CO_2 + 2H_2O$ $\Delta H^o = -2880$ kJ/mol

Dibuja los diagramas energéticos de ambas reacciones, y calcula la $E_{a, inversa}$ de la 2ª reacción, sabiendo que su $E_{a,directa}$ es el 80 % de la energía liberada en la 1ª reacción.

SOLUCION

Para la 1ª reacción: $\Delta H^o_{1ª\ reacción} = E_{a, directa} - E_{a, inversa} = 650 - 1750 = -1100$ kJ/mol

Para la 2ª reacción: $E_{a, directa} = 0,8\Delta H^o_r = 0,8 \cdot 1100 = 880$ kJ/mol

 $E_{a, inversa} = E_{a, directa} - \Delta H^o_r = 880 - (-2880) = 3760$ kJ/mol

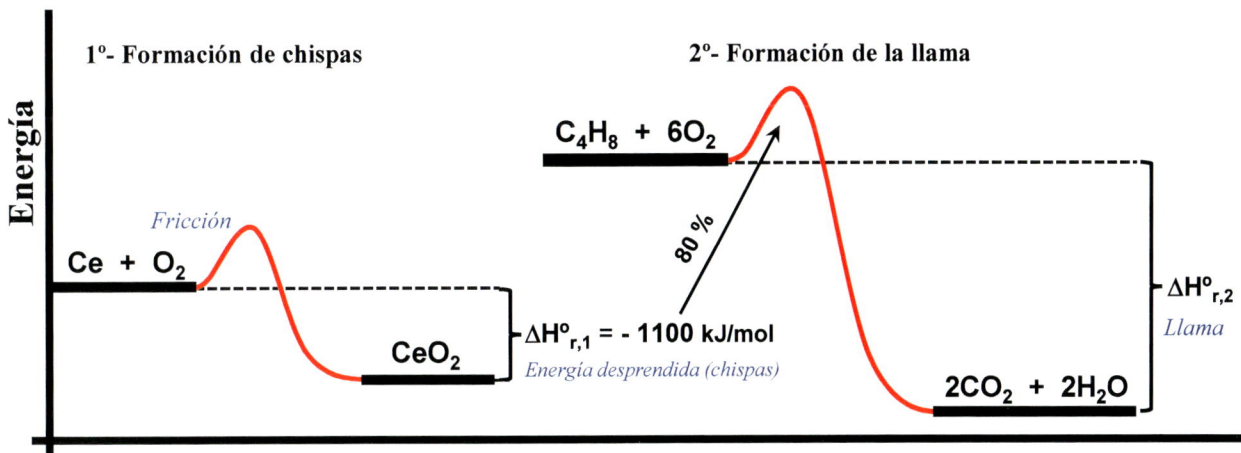

Progreso de reacciones consecutivas

54.- Deduce matemáticamente la expresión del $t_{1/2}$ de una reacción de 2° orden.

SOLUCION

$v = k[Reactivo]^2$

$$v = -\frac{d[Reacivo]}{dt} = k[Reactivo]^2$$

$$\frac{d[Reactivo]}{[Reactivo]^2} = -k \cdot dt$$

$$\int_{[Reactivo]_o}^{\frac{[Reactivo]_o}{2}} \frac{d[Reactivo]}{[Reactivo]^2} = -k \int_o^{t_{1/2}} dt$$

$$-\frac{2}{[NO_2]_o} + \frac{1}{[NO_2]_o} = -\frac{1}{[NO_2]_o} = -k(t_{1/2} - 0)$$

$$t_{1/2} = \frac{1}{k[NO_2]_o}$$

55.- A partir de las siguientes reacciones

    1ª) $3H_{2(g)} + N_{2(g)} \rightleftarrows 2NH_{3(g)}$ $\Delta G^o_1 = -7,8\ kcal/mol$

    2ª) $\frac{1}{2}H_{2(g)} + \frac{3}{2}N_{2(g)} \rightleftarrows N_3H_{(g)}$ $\Delta G^o_2 = +78,5\ kcal/mol$

Calcula la K_{eq} de la siguiente reacción a 200 °C: $\mathbf{N_2 + NH_3 \rightleftarrows N_3H + H_2}$

SOLUCION

Reacción total = 2ª reacción + ½(inversa de la 1ª reacción)

Inversa 1ª: $2NH_{3(g)} \rightleftarrows 3H_{2(g)} + N_{2(g)}$ $\Delta G^o_{inversa\ 1ª} = -\Delta G^o_1 = +7,8\ kcal/mol$

½(Inversa 1ª): $NH_{3(g)} \rightleftarrows \frac{3}{2}H_{2(g)} + \frac{1}{2}N_{2(g)}$ $\Delta G^o = \Delta G^o_{inversa\ 1ª}/2 = +3,9\ kcal/mol$

       +

2ª reacción: $\frac{1}{2}H_{2(g)} + \frac{3}{2}N_{2(g)} \rightleftarrows N_3H_{(g)}$ $\Delta G^o_2 = +78,5\ kcal/mol$

Reacción total: $\frac{3}{2}N_{2(g)} - \frac{1}{2}N_{2(g)} + NH_3 \rightleftarrows N_3H + \frac{3}{2}H_{2(g)} - \frac{1}{2}H_{2(g)}$

$\mathbf{N_2 + NH_3 \rightleftarrows N_3H + H_2}$ $\Delta G^o_{total} = \Delta G^o + \Delta G^o_2 = 3,9 + 78,5 = 82,4\ kcal/mol$

$$LnK_{eq} = -\frac{\Delta G^o_{total}}{RT} = -\frac{82400}{1,989 \cdot 473} = -87,6$$ $K_{eq} = 9,2 \cdot 10^{-39}$

56.- ¿Cuáles de los siguientes diagramas energéticos representan un equilibrio químico?, y ¿cuáles no?:

a) NO   b) NO   c) SI   d) SI   e) NO

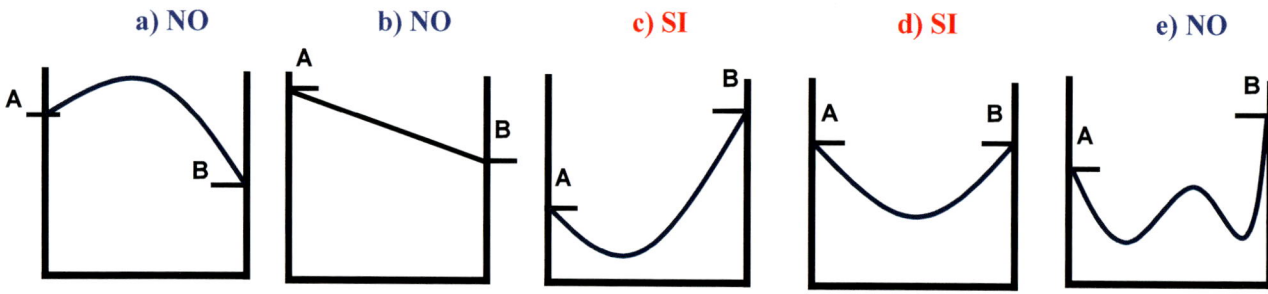

57.- Ordena, de menor a mayor pH, las siguientes disoluciones acuosas de la misma molaridad en:

a) CH_3COOH **b)** $ClCH_2COOH$ **c)** $Cl_2CHCOOH$

d) $ClCH_2CH_2COOH$ **e)** HCl

SOLUCION

$$\mathbf{HCl < Cl_2CHCOOH < ClCH_2COOH < ClCH_2CH_2COOH < CH_3COOH}$$

1.- Para el complejo de campo débil **Li[Co(Cl)₃(H₂O)₃].** Nómbralo, dibuja todos sus isómeros y calcula su momento magnético, μ.

SOLUCION

TriacuotricloroCobaltito(II) de litio.

Tiene 2 isómeros geométricos:

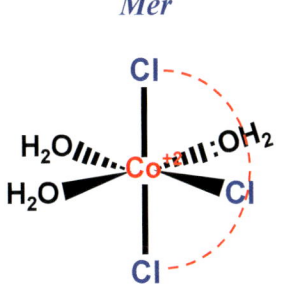

Mer   *Fac*

Carga del compuesto = 0 = 1 + 3(-1) + 3·0 + Carga del Co   Carga del Co = +2

Co(27 electrones) = $4s^2 3d^7$ Co^{+2} (25 electrones): $3d^7$

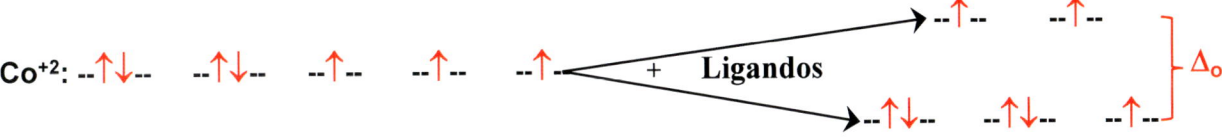

$$\mu = 2\sqrt{S(S+1)}$$ para 3 electrones desapareados, S = ½ + ½ + ½ = 3/2

$$\mu = 2\sqrt{\frac{3}{2}\left(\frac{3}{2}+1\right)} = 3,87\ MB$$

2.- Calcula la solubilidad del esmalte dental $Ca_5(PO_4)_3(OH)_{(s)}$, cuyo K_{ps} vale $2,3 \cdot 10^{-59}$. Indica qué valor de pH de la saliva sería más perjudicial para el esmalte.

SOLUCION

$$Ca_5(PO_4)_3HO_{(s)} \; \leftrightarrows \; 5Ca^{+2}_{(ac)} \; + \; 3PO_4^{-3}_{(ac)} \; + \; HO^-_{(ac)} \qquad K_{ps} = [Ca^{+2}]^5[PO_4^{-3}]^3[HO^-] = 2\cdot 10^{-59}$$

$$\qquad\qquad\qquad\qquad 5s \qquad\qquad 3s \qquad\qquad\quad s$$

$$K_{ps} = [5s]^5[3s]^3[s] = 2\cdot 10^{-59} \qquad \Longrightarrow \qquad 3125\cdot 27\cdot s^9 = 2\cdot 10^{-59} \qquad \Longrightarrow \qquad s = 8,5\cdot 10^{-8}M$$

El esmalte en disolución libera HO^-, y si la saliva es ácida, se produce un equilibrio ácido-base simultáneo que facilita la solubilidad del esmalte.

$$Ca_5(PO_4)_3HO_{(s)} \; \leftrightarrows \; 5Ca^{+2}_{(ac)} \; + \; 3PO_4^{-3}_{(ac)} \; + \; HO^-_{(ac)} \qquad K_{ps} = 2\cdot 10^{-59}$$

$$H_3O^+_{(ac)} \; + \; HO^-_{(ac)} \; \leftrightarrows \; 2H_2O \qquad\qquad\qquad K_w = 10^{14}$$

$$Ca_5(PO_4)_3HO_{(s)} \; + \; H_3O^+_{(ac)} \; \leftrightarrows \; 5Ca^{+2}_{(ac)} \; + \; 3PO_4^{-3}_{(ac)} \; + \; 2H_2O \qquad K_{global} = K_{ps}\cdot K_w = 2\cdot 10^{-45}$$

3.- A partir de las reacciones:

$$1)\; Fe^{+2}_{(ac)} \; + \; 2e^- \; \rightarrow \; Fe_{(s)} \qquad E^o_{Fe^{+2}/Fe} = -0,44\,V$$

$$2)\; Fe^{+3}_{(ac)} \; + \; e^- \; \rightarrow \; Fe^{+2}_{(ac)} \qquad E^o_{Fe^{+3}/Fe^{+2}} = +0,77\,V$$

Calcula el E^o de la reacción: $Fe^{+3}_{(ac)} \; + \; 3e^- \; \rightarrow \; Fe_{(s)}$

SOLUCION

Reacción (1): $Fe^{+2}_{(ac)} \; + \; 2e^- \; \rightarrow \; Fe_{(s)} \qquad \Delta G_1^o = -n_1 F E^o_{Fe^{+2}/Fe} = -2FE^o_{Fe^{+2}/Fe}$

$+$

Reacción (2): $Fe^{+3}_{(ac)} \; + \; e^- \; \rightarrow \; Fe^{+2}_{(ac)} \qquad \Delta G_2^o = -n_2 F E^o_{Fe^{+3}/Fe^{+2}} = -FE^o_{Fe^{+3}/Fe^{+2}}$

Reacción global: $Fe^{+3}_{(ac)} + 3e^- \rightarrow Fe_{(s)} \qquad \Delta G^o_{global} = \Delta G^o_1 + \Delta G^o_2$

$$\Delta G^o_{global} = -3FE^o_{Fe^{+3}/Fe} = -2FE^o_{Fe^{+2}/Fe} - FE^o_{Fe^{+3}/Fe^{+2}}$$

$$E^o_{Fe^{+3}/Fe} = \frac{2E^o_{Fe^{+2}/Fe} + E^o_{Fe^{+3}/Fe^{+2}}}{3} = \frac{2(-0,44) + 0,771}{3} = \frac{-0,109}{3} = -0,0363\,V$$

4.- La solubilidad del $MgNH_4PO_4·6H_2O$ es de 15,47 mg/L:

a) Calcula su K_{ps}

b) ¿Será mas soluble en agua dura o blanda? y ¿por qué?.

c) Valora la solubilidad de la sal en medios alcalinos y ácidos.

SOLUCION

a) $Mg(NH_4)PO_4·6H_2O_{(s)}$ ⇆ $Mg^{+2}_{(ac)}$ + $NH_4^{+}_{(ac)}$ + $PO_4^{-3}_{(ac)}$ + $6H_2O$ $K_{ps} = [Mg^{+2}][NH_4^{+}][PO_4^{-3}]$
                                                          s   s   s

$K_{ps} = s·s·s = s^3 = (6,3·10^{-5})^3 = 2,5·10^{-13}$ $s = \dfrac{0,01547\ g/l}{245,3\ g/mol} = 6,3·10^{-5} M$

b) El agua dura tiene un alto contenido en Mg^{+2}, luego la sal es menos soluble por efecto del ION COMUN.

c) A pH BÁSICO aumenta la solubilidad debido a los siguientes equilibrios simultáneos:

$Mg(NH_4)PO_4·6H_2O_{(s)}$ ⇆ $Mg^{+2}_{(ac)}$ + $NH_4^{+}_{(ac)}$ + $PO_4^{-3}_{(ac)}$ + $6H_2O$ $K_{ps\ Mg(NH_4)PO_4·6H_2O} = 2,5·10^{-13}$

$NH_4^{+}_{(ac)}$ + $HO^{-}_{(ac)}$ ⇆ $NH_{3(ac)}$ + H_2O $K_{amonio} = 5,56·10^4$

$Mg^{+2}_{(ac)}$ + $2HO^{-}_{(ac)}$ ⇆ $Mg(OH)_{2(s)}$ $K = \dfrac{1}{K_{ps\ Mg(OH)_2}} = \dfrac{1}{1,8·10^{-11}}$

$Mg(NH_4)PO_4·6H_2O_{(s)}$ + $3HO^{-}_{(ac)}$ ⇆ $NH_{3(ac)}$ + $Mg(OH)_{2(s)}$ + $PO_4^{-3}_{(ac)}$ + $7H_2O$

$$K_{global} = \dfrac{K_{ps\ Mg(NH_4)PO_4·6H_2O} · K_{amonio}}{K_{ps\ Mg(OH)_2}} = \dfrac{5,56·10^4 · 2,5·10^{-13}}{1,8·10^{-11}} = 771,6$$

A pH ÁCIDO también aumenta la solubilidad debido al equilibrio simultáneo:

$Mg(NH_4)PO_4·6H_2O_{(s)}$ ⇆ $Mg^{+2}_{(ac)}$ + $NH_4^{+}_{(ac)}$ + $PO_4^{-3}_{(ac)}$ + $6H_2O$ $K_{ps\ Mg(NH_4)PO_4·6H_2O} = 2,5·10^{-13}$

$PO_4^{-3}_{(ac)}$ + $3H_3O^{+}_{(ac)}$ ⇆ $H_3PO_{4(ac)}$ + $3H_2O$ $K_{fosfato} = 3,5·10^{21}$

$Mg(NH_4)PO_4·6H_2O_{(s)}$ + $3H_3O^{+}_{(ac)}$ ⇆ $Mg^{+2}_{(ac)}$ + $NH_4^{+}_{(ac)}$ + $H_3PO_{4(ac)}$ + $9H_2O$

$$K_{global} = K_{ps\ Mg(NH_4)PO_4·6H_2O} · K_{fosfato} = 8,75·10^8$$

5.- Para el complejo de campo fuerte, **[Ru(NH$_3$)$_4$(C$_2$O$_4$)]**:

a) Indica: índice de coordinación, IC, y n° de iones que libera en disolución acuosa

b) Dibuja todos sus isómeros

c) Calcula el momento magnético e indica de qué color será una disolución de dicho complejo (púrpura o rojiza)

SOLUCION

a) IC = 6 y es una molécula covalente que no se disocia en agua

b) No tiene isómeros

c) Carga del compuesto = 0 = 4·0 - 2 + Carga del Ru   Carga del Ru = +2

Ru(44 electrones) = 5s^{2}4d^4 Ru^{+2} (42 electrones): 4d^4

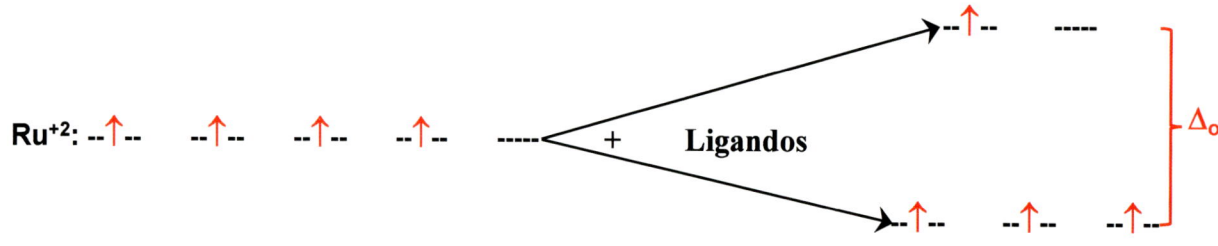

4 electrones solitarios: S = 4·½ = 2 $\mu = 2\sqrt{S(S+1)} = 2\sqrt{2(2+1)} = 1,73 MB$

Como es de campo fuerte, absorbe los fotones del visible más energéticos, es decir, los de color azul o violeta, por lo que una disolución de este compuesto tendrá un color rojizo.

6.- Escribe la notación de las siguientes pilas, y ajusta sus reacciones en medio ácido:

a) $Al_{(s)}$ + $NO_3^-{}_{(ac)}$ $\rightarrow$ $NO_{(g)}$ + $Al^{+3}{}_{(ac)}$

b) $Zn_{(s)}$ + $2H^+{}_{(aq)}$ $\rightarrow$ $Zn^{+2}{}_{(ac)}$ + $H_{2(ac)}$

c) $NO_3^-{}_{(ac)}$ + $Cl^-{}_{(ac)}$ $\rightarrow$ $NO_{(g)}$ + $Cl_{2(g)}$

SOLUCION

a) **$Al_{(s)}|Al^{+3}{}_{(ac)}\|NO_3^-{}_{(ac)}|NO_{(g)}|Pt$**

Ánodo: $\qquad\qquad\qquad Al_{(s)} \rightarrow Al^{+3}{}_{(ac)} + 3e^-$

Cátodo: $NO_3^-{}_{(ac)}$ + $4H^+{}_{(ac)}$ + $3e^-$ $\rightarrow$ $NO_{(g)}$ + $2H_2O$

Reacción Global: $NO_3^-{}_{(ac)}$ + $Al_{(s)}$ + $4H^+{}_{(ac)}$ $\rightarrow$ $Al^{+3}{}_{(ac)}$ + $NO_{(g)}$ + $2H_2O$

b) **$Zn_{(s)}|Zn^{+2}{}_{(ac)}\|H^+{}_{(ac)}|H_{2(g)}|Pt$**

Ánodo: $\qquad\qquad\qquad Zn_{(s)} \rightarrow Zn^{+2}{}_{(ac)} + 2e^-$

Cátodo: $2H^+{}_{(ac)}$ + $2e^-$ $\rightarrow$ $H_{2(g)}$

Reacción Global: $Zn_{(s)}$ + $2H^+{}_{(ac)}$ $\rightarrow$ $Zn^{+2}{}_{(ac)}$ + $H_{2(g)}$

c) **$Pt|Cl^-{}_{(ac)}|Cl_{2(g)}\|NO_3^-{}_{(ac)}|NO_{(g)}|Pt$**

Ánodo: $\qquad\qquad 3(2Cl^-{}_{(ac)} \rightarrow Cl_{2(g)} + 2e^-)$

Cátodo: $2(NO_3^-{}_{(ac)}$ + $4H^+{}_{(ac)}$ + $3e^-$ $\rightarrow$ $NO_{(g)}$ + $2H_2O)$

Reacción Global: $2NO_3^-{}_{(ac)}$ + $6Cl^-{}_{(ac)}$ + $8H^+{}_{(ac)}$ $\rightarrow$ $3Cl_{2(g)}$ + $2NO_{(g)}$ + $4H_2O$

7.- Ajusta la siguiente reacción en medio alcalino:

$$UO_2^+ \quad + \quad VO^{+2} \quad \rightarrow \quad VO_4^{-3} \quad + \quad U^{+4}$$

SOLUCION

Semirreacción de Reducción: $UO_2^+ \ + \ 4H^+ \ + \ e^- \ \rightarrow \ U^{+4} \ + \ 2H_2O$

Semirreacción de Oxidación: $VO^{+2} \ + \ 3H_2O \ \rightarrow \ VO_4^{-3} \ + \ 6H^+ \ + \ e^-$

Reaccion Global: $UO_2^+ \ + \ VO^{+2} \ + \ H_2O \ \rightarrow \ VO_4^{-3} \ + \ U^{+4} \ + \ 2H^+$

$UO_2^+ \ + \ VO^{+2} \ + \ H_2O \ + \ 2HO^- \ \rightarrow \ VO_4^{-3} \ + \ U^{+4} \ + \ \underbracket{2HO^- \ + \ 2H^+}$

$UO_2^+ \ + \ VO^{+2} \ + \ H_2O \ + \ 2HO^- \ \rightarrow \ VO_4^{-3} \ + \ U^{+4} \ + \ 2H_2O$

Reaccion Global: $\quad UO_2^+ \ + \ VO^{+2} \ + \ 2HO^- \ \rightarrow \ VO_4^{-3} \ + \ U^{+4} \ + \ H_2O$

La reacción se ajusta como si el medio fuese ácido, y los H^+ que aparecen en la reacción global se eliminan transformándolos en moléculas de H_2O, por adición de HO^-, pero a ambos miembros de la ecuación química para no alterar su estequiometría.

8.- A partir de las siguientes reacciones:

1) $NO_3^- \ + \ 2H^+ \ + \ e^- \ \rightarrow \ NO_2 \ + \ H_2O \qquad E^o_1 = +\ 0,81\ V$

2) $HNO_2 \ \rightarrow \ NO_2 \ + \ H^+ \ + \ e^- \qquad\qquad E^o_2 = -\ 1,07\ V$

Calcula en medio ácido el E^o de la reacción: $\quad NO_3^- \ \rightarrow \ HNO_2$

SOLUCION

La reacción final es la suma la reacción (1) más la inversa de la reacción (2):

Reacción (1): $NO_3^- \ + \ 2H^+ \ + \ e^- \ \rightarrow \ NO_2 \ + \ H_2O \qquad E^o_1 = +\ 0,81\ V \qquad \Delta G^o_1 = -\ n_1 F E^o_1$

$+$

Inversa de (2): $NO_2 \ + \ H^+ \ + \ e^- \ \rightarrow \ HNO_2 \qquad E^o_{inversa\ de\ 2} = +\ 1,07\ V \qquad \Delta G^o_{inversa\ de\ 2} = -\ n_{inv.\ 2} F E^o_{inv.\ 2}$

Reacción Global: $NO_3^- \ + \ 3H^+ \ + \ 2e^- \ \rightarrow \ HNO_2 \ + \ H_2O \qquad \Delta G^o_{global} = \Delta G^o_1 \ + \ \Delta G^o_{inversa\ de\ 2}$

$\Delta G^o_{global} = -\ n_1 F E^o_1 \ + \ -\ n_{inv.\ 2} F E^o_{inv.\ 2} = -\ 0,81 F \ - \ F(+1,07) = -\ 1,88 F$

$\qquad\qquad\qquad\qquad\qquad\qquad\qquad\qquad\qquad\qquad\qquad\qquad\qquad\qquad \Big] \ -\ 2 F E^o_{global} = -\ 1,88 F$

$\Delta G^o_{global} = -\ n_{global} F E^o_{global} = -\ 2 F E^o_{global}$

$E^o_{global} = 1,88/2 = 0,94\ V$

9.- Dibuja todos los isómeros de los siguientes compuestos de coordinación:

a) [Co(C₂O₄)(CO)₂(OH₂)₂]

Cis–CO y Cis–H₂O   *Isómeros Opticos*

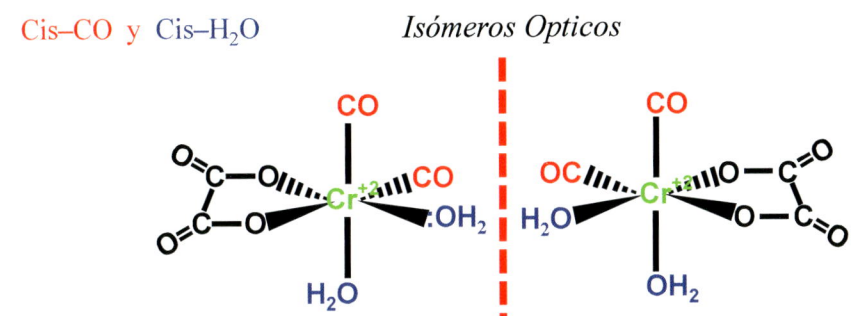

Trans–CO y Cis–H₂O

Cis–CO y Trans–H₂O

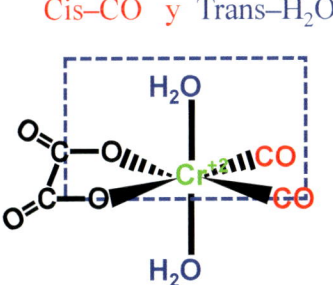

b) [Pt(Cl)₂(NH₃)(SCN)]Cl

Isómeros Geométricos

Isómeros de Enlace

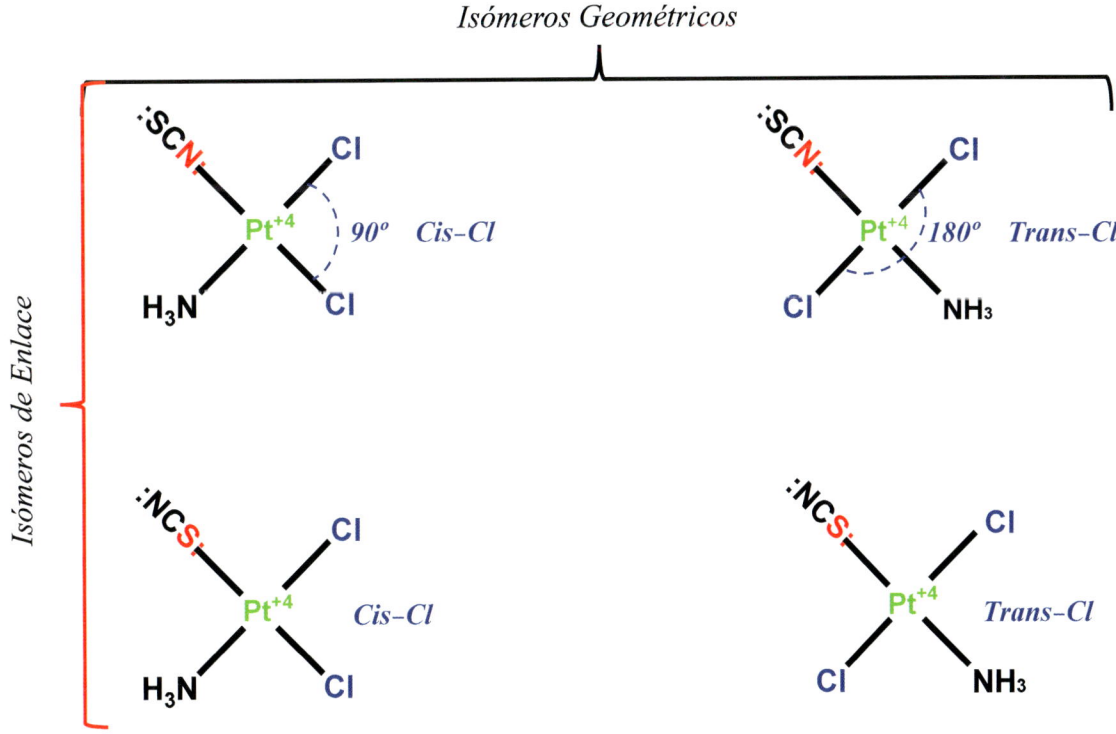

c) [FeCl(en)₂(O₂)]NO₂

c) [FeCl(en)$_2$(O$_2$)]NO$_2$

Ligando denominado: Etilendiamina que abreviado se pone como **"en"**

Cis-en   *Isómeros Opticos*

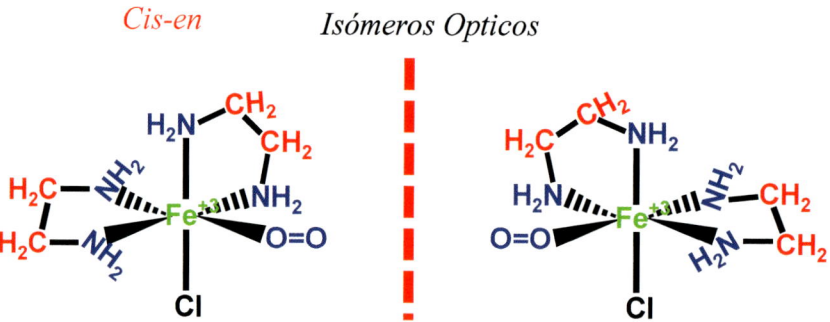

Trans-en

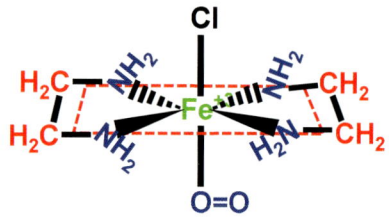

10.- Tenemos 2 sustancias poco solubles en agua, $AgBr$ y $Fe(OH)_3$. Indica la respuesta correcta sobre qué sucedería si aumentamos la acidez del medio:

  a) Aumenta la solubilidad del $AgBr$ y disminuye la del $Fe(OH)_3$

  b) Aumenta la solubilidad del $Fe(OH)_3$

  c) Disminuye la solubilidad de $AgBr$ y disminuye la del $Fe(OH)_3$

  d) Disminuye la solubilidad del $AgBr$, pero no afecta a la solubilidad del $Fe(OH)_3$

SOLUCION

$$Fe(OH)_{3(s)} \leftrightarrows Fe^{+3}_{(ac)} + 3HO^-_{(ac)} \qquad K_{ps} = 2{,}8 \cdot 10^{-39}$$

$$3H_3O^+_{(ac)} + 3HO^-_{(ac)} \leftrightarrows 6H_2O \qquad K_w = (10^{14})^3$$

Reacción global: $Fe(OH)_{3(s)} + 3H_3O^+_{(ac)} \leftrightarrows Fe^{+3}_{(ac)} + 6H_2O \qquad K_{global} = K_{ps} \cdot K_w = 2800$

La presencia de un equilibrio simultáneo ácido-base aumenta considerablemente la constante del nuevo equilibrio global de solubilidad del hidróxido de hierro.

11.- ¿Cuál de las siguientes proposiciones sobre los quelatos es cierta?

  a) Los ligandos emplean un único par de electrones para unirse al metal central

  b) Los ligandos están unidos al metal central por medio de enlaces iónicos

  c) Los ligandos bidentados solo puede dar lugar a isómeros *cis*

  d) El nº de coordinación no coincide con el nº de ligandos

SOLUCION

El nº de coordinación de un compuesto de coordinación es el nº de regiones distintas del espacio a través de las cuales los ligandos establecen enlaces con el metal central del complejo.

La definición de quelato es la de un complejo donde al menos un ligando se une al metal central por 2 o más átomos a la vez. Es decir, que una misma molécula de ligando puede formar 2 o más enlaces con el metal central. En este caso el nº de ligandos es menor que el nº de enlaces y por tanto del nº de coordinación.

12.- Para el compuesto de coordinación de campo débil más estable y de fórmula

$$[Mn(H_2O)_5Cl][Mn(H_2O)_3Cl_3]$$

a) Calcula su momento magnético.

b) Dibuja todos sus isómeros.

SOLUCION

a) Si ambos complejos del compuesto de coordinación contienen Mn^{+2}

Carga del compuesto = 0 = 5·0 - 1 + Carga del Mn + 3·0 + 3(-1) + Carga del Mn

Carga de ambos Mn = +2   Mn(25 electrones) = $4s^2 3d^5$ Mn^{+2} (23 electrones): $3d^5$

Para cada complejo: $EECC = \frac{3}{5}m\Delta_o - \frac{2}{5}n\Delta_o + xP = \frac{3}{5}2\Delta_o - \frac{2}{5}3\Delta_o + 0 \cdot P = 0 \ ^{kJ}/_{mol}$

Los complejos no son estabilizados por el campo cristalino, puesto que la energía de estabilización del campo cristalino *EECC*, para cada uno de ellos vale 0 .

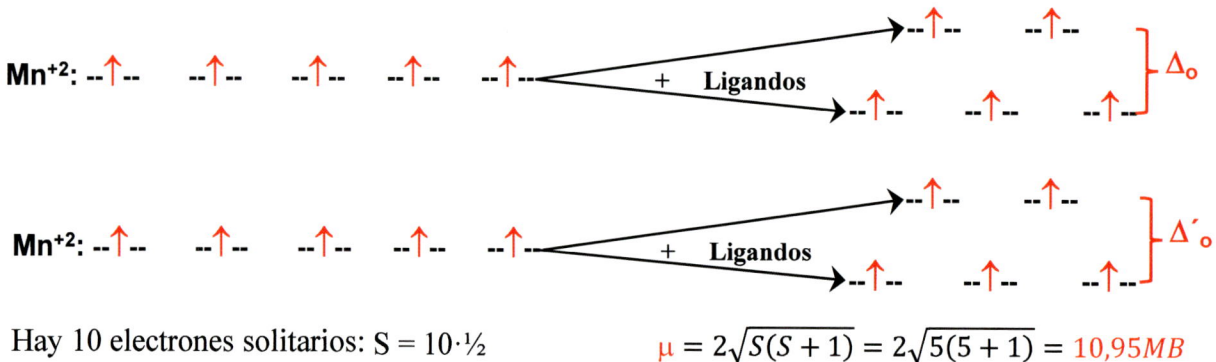

Hay 10 electrones solitarios: S = 10·½ $\mu = 2\sqrt{S(S+1)} = 2\sqrt{5(5+1)} = 10,95 MB$

Hay otra posibilidad, que uno de los complejos contenga Mn^{+3} y el otro Mn^{+1}

Carga del compuesto = 0 = 5·0 - 1 + Q del Mn + 3·0 + 3(-1) + Q′ del Mn

Q del Mn = +3   y   Q′ del Mn = +1   Mn(25 electrones) = $4s^2 3d^5$

Mn^{+3} (22 electrones): $3d^4$ y Mn^+ (24 electrones): $4s^1 3d^5$

Para el complejo de Mn(III) $(3d^4)$: $EECC = \frac{3}{5}m\Delta_o - \frac{2}{5}n\Delta_o + xP = \frac{3}{5}1\Delta_o - \frac{2}{5}3\Delta_o \ 0 \cdot P = -\frac{3}{5}\Delta_o \ ^{kJ}/_{mol}$

Para el complejo de Mn (I) $(3d^5)$: $EECC = \frac{3}{5}m\Delta'_o - \frac{2}{5}n\Delta'_o + x'P = \frac{3}{5}2\Delta'_o - \frac{2}{5}3\Delta'_o + 0 \cdot P = 0 \ ^{kJ}/_{mol}$

Al menos uno de los complejos es estabilizado por el campo cristalino, por tanto, éste es el compuesto más estable.

Mn^{+3}: --↑--   --↑--   --↑--   --↑--   -----   + Ligandos   → --↑--   -----   }Δ_o

--↑--   --↑--   --↑--

Mn^+: --↑--   --↑--   --↑--   --↑--   --↑--   + Ligandos   → --↑--   --↑--   }Δ'_o

--↑--   --↑--   --↑--

Hay 9 electrones solitarios: S = 9·½ $\mu = 2\sqrt{S(S+1)} = 2\sqrt{4,5(4,5+1)} = 9,95 MB$

b) Isómeros del compuesto de coordinación de fórmula: **[Mn(H₂O)₅Cl][Mn(H₂O)₃Cl₃]**

Estereoisómeros Geométricos

Mer

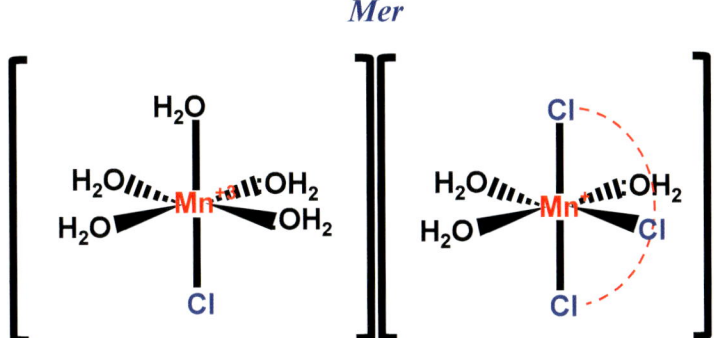

Fac

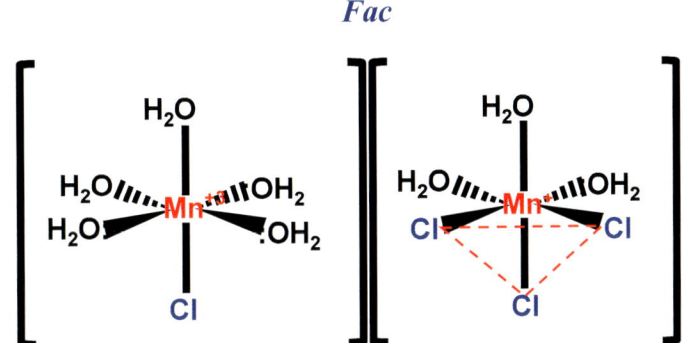

Estructurales de coordinación: $[\overset{+3}{Mn}(H_2O)_6][\overset{+1}{Mn}(H_2O)_2Cl_4]$ y $[\overset{+3}{Mn}(H_2O)_4Cl_2][\overset{+1}{Mn}(H_2O)_4Cl_2]$

13.- El compuesto de coordinación, $K_4[Fe(Cl)_3(C_2O_4)(NO_2)]$, puede absorber fotones de color rojo
a) Dibuja la estructura de todos sus isómeros
b) Justifica numéricamente sus propiedades magnéticas

SOLUCION

a) Estereoisómeros geométricos combinados con isómeros de enlace

Mer-Cl

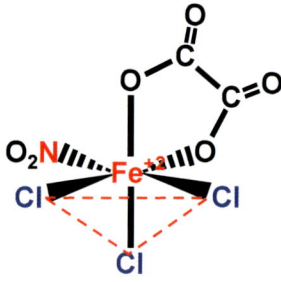

Fac–Cl

b) Carga del compuesto = 0 = 4(+1) + 3(-1) - 2 - 1 + Carga del Fe   Carga del Fe = +2

Fe(26 electrones) = $4s^2 3d^6$ Fe^{+2} (24 electrones): $3d^6$

CAMPO DEBIL

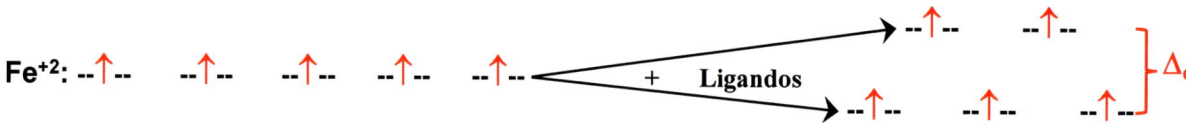

4 electrones solitarios por tanto el complejo es PARAMAGNETICO

S = 4·½ = 2 $\mu = 2\sqrt{S(S+1)} = 2\sqrt{2(2+1)} = 4,9 MB$

14. A partir de las siguientes semirreacciones rédox:

(1) $Hg^{+2}_{(ac)}$ + e^- → $\frac{1}{2}Hg_2^{+2}_{(ac)}$ $E°_1$ = + 0,92V

(2) $\frac{1}{2}Hg_2^{+2}_{(ac)}$ + e^- → $Hg_{(l)}$ $E°_2$ = + 0,8V

(3) $In^{+3}_{(ac)}$ + $3e^-$ → $In_{(s)}$ $E°_{In+3/In}$ = - 0,34 V

Calcula el E° de la pila cuya reacción es: $2In_{(s)}$ + $3Hg^{+2}_{(ac)}$ → $2In^{+3}_{(ac)}$ + $3Hg_{(l)}$

SOLUCION

(Ánodo) Oxidación: $2(In_{(s)}$ → $In^{+3}_{(ac)}$ + $3e^-)$ $E°_{In+3/In}$ = - 0,34V

(Cátodo) Reducción: $3(Hg^{+2}_{(ac)}$ + $2e^-$ → $Hg_{(l)})$ $E°_{cátodo}$ = $E°_{Hg^{+2}/Hg}$

Reacción Pila: $2In_{(s)}$ + $3Hg^{+2}_{(ac)}$ → $2In^{+3}_{(ac)}$ + $3Hg_{(l)}$ $E°_{pila}$

Cálculo del potencial del cátodo:

Reacción (1): $Hg^{+2}_{(ac)}$ + e^- → $\frac{1}{2}Hg_2^{+2}_{(ac)}$ $\Delta G°_1$ = - $n_1FE°_1$ = - $1FE°_1$

+

Reacción (2): $\frac{1}{2}Hg_2^{+2}_{(ac)}$ + e^- → $Hg_{(l)}$ $\Delta G°_2$ = - $n_2FE°_2$ = - $1FE°_2$

___

Reacción cátodo: $Hg^{+2}_{(ac)}$ + $2e^-$ → $Hg_{(l)}$ $\Delta G°_{cátodo}$ = $\Delta G°_1 + \Delta G°_2$

$\Delta G°_{cátodo}$ = - $n_{cátodo}FE°_{cátodo}$ - $2FE°_{cátodo}$ = - $FE°_1 - FE°_2$

$$E^0_{cátodo} = \frac{E^0_1 + E^0_2}{2} = \frac{0,92 + 0,8}{2} = 0,86\,V$$

$E°_{pila} = E°_{cát} - E°_{án} = 0,86 - (- 0,34) = + 1,2\ V$

15.- Cuál de las siguientes proposiciones es cierta para una disolución no saturada de la sal poco soluble $AgCl$:

a) La cantidad de precipitado es muy pequeña

b) Se formaría un equilibrio entre un precipitado de $AgCl_{(s)}$ y sus iones en disolución

c) $[Ag^+]_o[Cl^-]_o > K_{ps}$

d) $[Ag^+]_o[Cl^-]_o < K_{ps}$

SOLUCION

Si la disolución no es saturada significa que aún admite más cantidad disuelta de los iones Cl^- y Ag^+, antes de alcanzar el equilibrio de solubilidad y de que empiece a formarse un precipitado, es decir, que el coeficiente de reacción, Q = $[Ag^+]_o[Cl^-]_o$, es menor que su K_{ps}.

16.- Para el equilibrio: $Ca_5(PO_4)_3(OH)_{(esmalte\ dental)} \leftrightarrows 5Ca^{+2}_{(ac)} + 3PO_4^{-3}_{(ac)} + HO^-_{(ac)}$
Indica cuál de las siguientes proposiciones es cierta:

a) El esmalte es menos soluble si añadimos NaCl a la disolución.

b) El esmalte es menos soluble si añadimos $CaCl_2$ a la disolución.

c) El esmalte es menos soluble si añadimos AEDT o EDTA a la disolución.

d) El esmalte es menos soluble si añadimos ácido láctico a la disolución.

e) El esmalte es menos soluble si añadimos $AgNO_3$ a la disolución y precipita Ag_3PO_4.

SOLUCION

Si añadimos la sal soluble $CaCl_2$ aparecen en disolución iones Ca^{+2} que ejercen un efecto de ion común sobre el equilibrio de solubilidad del esmalte dental, desplanzándolo hacia la izquierda y disminuyendo por tanto su solubilidad.

17.- Para el compuesto de coordinación de campo fuerte: **$[Ni(CO)_5(SCN)]F$**

a) Dibuja todos sus isómeros:

b) Justifica sus propiedades magnéticas

SOLUCION

a) Solo tiene estructurales:

De Ionización: **$[Ni(CO)_5F]SCN$**

De enlace: **$[Ni(CO)_5(NCS)]F$**

b) Carga del compuesto = 0 = Carga del Ni + 5·0 - 1 - 1   Carga del Ni = +2

Ni(28 electrones) = $4s^2 3d^8$ Ni^{+2} (26 electrones): $3d^8$

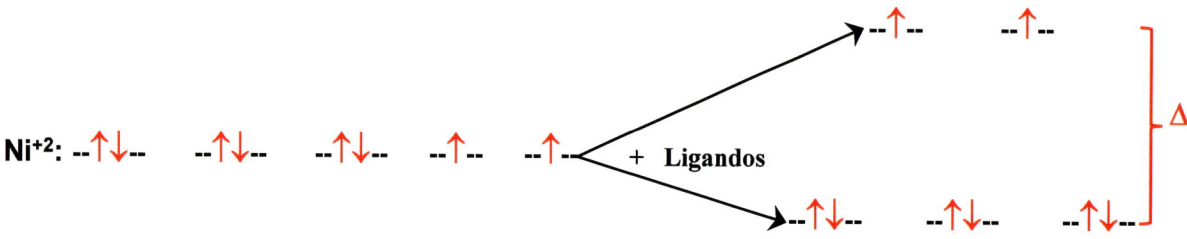

2 electrones solitarios por tanto es PARAMAGNETICO

Su momento magnético es: S = 2·½ = 1 $\mu = 2\sqrt{S(S+1)} = 2\sqrt{1(1+1)} = 2,83MB$

18.- Ajusta la siguiente reacción REDOX en medio alcalino: PH_3 + $H_2PO_{2\ (ac)}^-$ → P_4

SOLUCION

Oxidación: $4PH_3$ → P_4 + $12H^+$ + $12e^-$

Reducción: $3(4H_2PO_2^-$ + $8H^+$ + $4e^-$ → P_4 + $8H_2O)$

Reaccion Global: $4PH_3$ + $12H_2PO_2^-$ + $12H^+$ → $4P_4$ + $24H_2O$ *(ajustada en medio ácido)*

$4PH_3$ + $12H_2PO_2^-$ + $12H^+$ + $12HO^-$ → $4P_4$ + $24H_2O$ + $12HO^-$

$4PH_3$ + $12H_2PO_2^-$ + $12H_2O$ → $4P_4$ + $24H_2O$ + $12HO^-$

Reaccion Global: PH_3 + $3H_2PO_{2\ (ac)}^-$ → P_4 + $3H_2O$ + $3HO^-$ *(ajustada en medio alcalino)*

La reacción se ajusta como si el medio fuese ácido, y los H^+ que aparecen en la reacción global se eliminan transformándolos en moléculas de H_2O, por adición de HO^-, pero a ambos miembros de la ecuación química para no alterar su estequiometría.

19.- El pK_{ps} de la sal BiI_3 vale 18,1. ¿Cuál es la $[I^-]$ en una disolución saturada de BiI_3?

a) $1,31 \cdot 10^{-5}$ M

b) $3,93 \cdot 10^{-5}$ M

c) $5,24 \cdot 10^{-5}$ M

d) Depende del volumen de la disolución

SOLUCION

$BiI_{3(s)}$ ⇌ $Bi^{+3}_{(ac)}$ + $3I^-_{(ac)}$ $K_{ps} = [Bi^{+3}][I^-]^3$

     s   3s $K_{ps} = s(3s)^3 = 27s^4 = 7,94 \cdot 10^{-19}$

   $s = 1,31 \cdot 10^{-5}$ mol/L

$$[I^-] = 3s = 3 \cdot 1,31 \cdot 10^{-5} = 3,93 \cdot 10^{-5} \text{ M}$$

20.- Indica Verdadero o Falso a cada una de las siguiente afirmaciones sobre Compuestos de coordinación.

a) Los ligandos siempre poseen carga negativa. F

b) Todos los compuestos de coordinación solubles en agua se rompen en iones. F

c) Entre el ligando y el metal central se forma un enlace covalente dativo-coordinado. V

d) A un complejo se le denomina de alto spin si su Δ_o es pequeño. V

21.- Si aumentamos la Presión del gas cloro en la siguiente reacción, sin ajustar, de una pila:

$$Cu^+_{(ac)} \quad + \quad Cl_{2(g)} \quad \leftrightarrows \quad Cu^{+2}_{(ac)} \quad + \quad Cl^-_{(ac)}$$

a) El E° de la pila aumenta

b) El E° de la pila disminuye

c) El E° de la pila no varía

d) El E° de reducción del cloro gas aumenta

SOLUCION

El E° de una reacción es un valor constante, pues se calcula para unos valores de t^a, concentración molar y presión fijas, denominadas condiciones estándar.

22.- El cromo es tóxico en especies cuyo estado de oxidación es +6. A partir de los siguientes datos:

$$HCrO_4^-{}_{(ac)} \quad + \quad 7H^+_{(ac)} \quad + \quad 3e^- \quad \leftrightarrows \quad Cr^{+3}_{(ac)} \quad + \quad 4H_2O \qquad E° = +1,195V$$

$$MnO_{2(s)} \quad + \quad 4H^+_{(ac)} \quad + \quad 2e^- \quad \leftrightarrows \quad Mn^{+2}_{(ac)} \quad + \quad 2H_2O \qquad E° = +1,208V$$

¿Se podría formar una especie tóxica de cromo, si empleamos iones Cr^{+3} para abonar un campo que contiene MnO_2?. Indica la respuesta correcta:

a) Sí, porque en condiciones estándar el MnO_2 oxidaría al Cr^{+3}

b) Sí, porque en condiciones estándar el $HCrO_4^-$ es un oxidante más fuerte que el MnO_2

c) Sí, porque los iones Cr^{+3} alcalinizan el campo

d) Sí, porque el MnO_2 es un sólido poco soluble

SOLUCION

$$3(MnO_{2(s)} \quad + \quad 4H^+_{(ac)} \quad + \quad 2e^- \quad \leftrightarrows \quad Mn^{+2}_{(ac)} \quad + \quad 2H_2O) \qquad E°_{reducción} = +1,208V$$

$$2(Cr^{+3}_{(ac)} \quad + \quad 4H_2O \quad \leftrightarrows \quad HCrO_4^-{}_{(ac)} \quad + \quad 7H^+_{(ac)} \quad + \quad 3e^-) \qquad E°_{oxidación} = -1,195V$$

$$3MnO_{2(s)} \quad + \quad 12H^+_{(ac)} \quad + \quad 2Cr^{+3}_{(ac)} \quad + \quad 8H_2O \quad \leftrightarrows \quad 3Mn^{+2}_{(ac)} \quad + \quad 2HCrO_4^-{}_{(ac)} \quad + \quad 14H^+_{(ac)} \quad + \quad 6H_2O$$

$$3MnO_{2(s)} \quad + \quad 2Cr^{+3}_{(ac)} \quad + \quad 2H_2O \quad \leftrightarrows \quad 3Mn^{+2}_{(ac)} \quad + \quad 2HCrO_4^-{}_{(ac)} \quad + \quad 2H^+_{(ac)}$$

$$E°_{reacción\ global} = E°_{red} + E°_{ox} = 1,208 - 1,195 = 0,013\ V$$

En condiciones estándar la reacción de oxidación del Cr(III) a Cr(VI) por el MnO_2 es espontánea, pues su E° > 0

23.- ¿Qué sucederá si bajamos el pH de una disolución acuosa que contiene las sustancias $AgBr$ y $Fe(OH)_3$?

    a) Aumenta la solubilidad del $AgBr$ y disminuye la del $Fe(OH)_3$

    b) La solubilidad del $AgBr$ no se ve afectada y aumenta la solubilidad del $Fe(OH)_3$

    c) Disminuye la solubilidad de $AgBr$ y aumenta la del $Fe(OH)_3$

    d) Disminuye la solubilidad del $AgBr$ y no se ve afectada la solubilidad del $Fe(OH)_3$

SOLUCION

El hidróxido de hierro(III) es poco soluble en agua porque el K_{ps} de su equilibrio de solubilidad es muy pequeño, pero en medio ácido su solubilidad aumenta considerablemente porque los protones reaccionan con sus HO^- a través de un equilibrio ácido-base simultáneo cuyo efecto es desplazar el equilibrio de solubilidad del hidróxido hacia la derecha.

$$Fe(OH)_{3(s)} \leftrightarrows Fe^{+3}_{(ac)} + 3HO^-_{(ac)} \qquad K_{ps} = 2{,}8 \cdot 10^{-39}$$

$$3H_3O^+_{(ac)} + 3HO^-_{(ac)} \leftrightarrows 6H_2O \qquad K_w = (10^{14})^3$$

Reacción global: $Fe(OH)_{3(s)} + 3H_3O^+_{(ac)} \leftrightarrows Fe^{+3}_{(ac)} + 6H_2O \qquad K_{global} = K_{ps} \cdot K_w = 2800$

Por el contrario, la solubilidad de la sal $AgBr$ no se ve afectada, porque ninguno de sus iones reaccionan con H_3O^+ para dar lugar a equilibrios simultáneos que afecten al equilibrio de solubilidad de $AgBr$.

$$AgBr_{(s)} \leftrightarrows Ag^+_{(ac)} + Br^-_{(ac)}$$

$$H_3O^+_{(ac)} + Ag^1_{(ac)} + Br^-_{(ac)} \leftrightarrows \quad \text{No hay reacción}$$

24.- Ajusta la siguiente reacción en medio ácido: $UO_2^+_{(ac)} + Fe^{+2}_{(ac)} \rightarrow Fe^{+3}_{(ac)} + U^{+4}_{(ac)}$

SOLUCION

    Oxidación: $\qquad\qquad\qquad\qquad Fe^{+2}_{(ac)} \rightarrow Fe^{+3}_{(ac)} + e^-$

    Reducción: $\qquad UO_2^+_{(ac)} + 4H^+_{(ac)} + e^- \rightarrow 2H_2O + U^{+4}_{(ac)}$

Reacción Global: $UO_2^+_{(ac)} + Fe^{+2}_{(ac)} + 4H^+_{(ac)} \rightarrow Fe^{+3}_{(ac)} + U^{+4}_{(ac)} + 2H_2O$

25.- Para el siguiente complejo: **[Cr(CO)₃(CN)(Cl)₂]**, dibuja todos sus estereoisómeros

SOLUCION

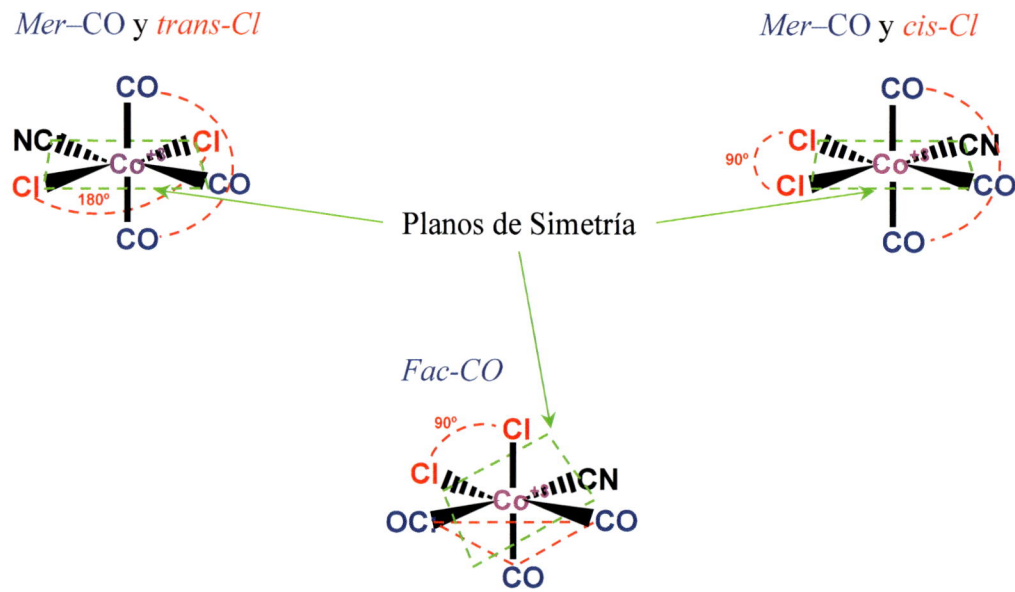

Mer–CO y *trans-Cl*

Mer–CO y *cis-Cl*

Planos de Simetría

Fac-CO

Ninguno de los 3 isómeros geométricos tiene isómeros ópticos, porque todos ellos tienen al menos un plano de simetría.

26.- Clasifica los siguientes ligandos, e indica los que pueden formar quelatos:

a) Fenantrolina:

Bidentado, Quelante

b) $HSCH_2CH_2OCH_2CH_2NH_3^+$

Bidentado, Quelante

c) $(^-OOCCH_2)_2NCH_2CH_2N(CH_2COO^-)_2$

Hexadentado, Quelante

d) NO_2^-

Monodentado, Ambidentado

27.- La solubilidad del $Ba(BrO_3)_2$ en agua es de 7,895 g/L. Justifica, si al mezclar 10 ml de una disolución 0,01 M de $Ba(NO_3)_2$ con 5 ml de otra disolución 0,01 M de $KBrO_3$, se forma un precipitado.

SOLUCION

En la disolución resultante: $[Ba(NO_3)_2]_o = [Ba^{+2}]_o = 0,01 \cdot 10/15 = 6,67 \cdot 10^{-3}$ M

$$[KBrO_3]_o = [BrO_3^-]_o = 0,01 \cdot 5/15 = 3,33 \cdot 10^{-3} \text{ M}$$

El equilibrio de precipitación que puede ocurrir es: $Ba^{+2}_{(ac)} + 2BrO_3^-{}_{(ac)} \leftrightarrows Ba(BrO_3)_{2(s)}$

Para justificar la existencia de un precipitado hay que calcular el K_{ps} y el cociente de reacción, Q
Calculamos el K_{ps} a partir de la solubilidad, s, de $Ba(BrO_3)_2$:

$$Ba(BrO_3)_{2(s)} \leftrightarrows Ba^{+2}_{(ac)} + 2BrO_3^-{}_{(ac)}$$

Eq   - s   s   2s $K_{ps} = [Ba^{+2}]_{eq}[BrO_3^-]_{eq}^2 = s(2s)^2 = 4s^3$

$$s = \frac{7,895 \, ^g/_L}{393,135 \, ^g/_{mol}} = 0,02 \, M \qquad\qquad K_{ps} = 4(0,02)^3 = 3,2 \cdot 10^{-5}$$

$Q = [Ba^{+2}]_o[BrO_3^-]_o^2 = 6,67 \cdot 10^{-3}(3,33 \cdot 10^{-3})^2 = 7,4 \cdot 10^{-8}$ $Q < K_{ps}$ No se forma precipitado

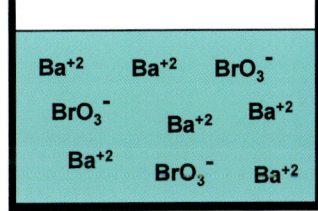

28.- Ajusta la siguiente reacción rédox en agua con ácido sulfúrico, y escribe la expresión de la constante de equilibrio K_e.

$$Pb_{(s)} + PbO_{2(s)} \leftrightarrows PbSO_{4(s)}$$

SOLUCION

Oxidación: $Pb_{(s)} \rightarrow Pb^{+2}_{(ac)} + 2e^-$

Reducción: $PbO_{2(s)} + 2H_2SO_{4(ac)} + 2e^- \rightarrow Pb^{+2}_{(ac)} + 2H_2O + 2SO_4^{-2}{}_{(ac)}$

Reacción global: $Pb_{(s)} + PbO_{2(s)} + 2H_2SO_{4(ac)} \rightarrow 2PbSO_{4(s)} + 2H_2O$ $K_e = \dfrac{1}{[H_2SO_4]^2}$

29.- Ajusta la siguiente reacción en medio alcalino, e indica las especies oxidante y reductora.

$$ClO^-_{(ac)} + CrO_2^-_{(ac)} \leftrightarrows Cl^-_{(ac)} + CrO_4^{-2}_{(ac)}$$

SOLUCION

Reducción: $3(ClO^-_{(ac)} + 2H^+ + 2e^- \leftrightarrows Cl^-_{(ac)} + H_2O)$

Oxidación: $2(CrO_2^-_{(ac)} + 2H_2O \leftrightarrows 4H^+ + CrO_4^{-2}_{(ac)} + 3e^-)$

Suma de semirreacciones:

$3ClO^-_{(ac)} + 2CrO_2^-_{(ac)} + 4H_2O + 6H^+ + 6e^- \leftrightarrows 2CrO_4^{-2}_{(ac)} + 3Cl^-_{(ac)} + 3H_2O + 8H^+ + 6e^-$

Simplificamos: $3ClO^-_{(ac)} + 2CrO_2^-_{(ac)} + H_2O \leftrightarrows 2CrO_4^{-2}_{(ac)} + 3Cl^-_{(ac)} + 2H^+$

Como el medio es alcalino sumamos a ambos miembros de la ecuación, $2HO^-$

$3ClO^-_{(ac)} + 2CrO_2^-_{(ac)} + H_2O + 2HO^- \leftrightarrows 2CrO_4^{-2}_{(ac)} + 3Cl^-_{(ac)} + 2H^+ + 2HO^-$

La suma $2H^+ + 2HO^-$ equivale a $2H_2O$

$3ClO^-_{(ac)} + 2CrO_2^-_{(ac)} + H_2O + 2HO^- \leftrightarrows 2CrO_4^{-2}_{(ac)} + 3Cl^-_{(ac)} + 2H_2O$

Reacción Global: $3ClO^-_{(ac)} + 2CrO_2^-_{(ac)} + 2HO^- \leftrightarrows 2CrO_4^{-2}_{(ac)} + 3Cl^-_{(ac)} + H_2O$

La especie oxidante es la que se reduce: ClO^-

La especie reductora es la que se oxida: CrO_2^-

30.- Ajusta en medio ácido la siguiente reacción: $S_4^{-2}_{(ac)} + NO_3^-_{(ac)} \leftrightarrows S_{8(s)} + NO_{2(g)}$

SOLUCION

Reducción: $4(NO_3^-_{(ac)} + 2H^+_{(ac)} + e^- \leftrightarrows NO_{2(g)} + H_2O)$

Oxidación: $2S_4^{-2}_{(ac)} \leftrightarrows S_{8(s)} + 4e^-$

Reacción global: $4NO_3^-_{(ac)} + 8H^+_{(ac)} + 2S_4^{-2}_{(ac)} \leftrightarrows 4NO_{2(g)} + S_{8(s)} + 4H_2O$

31.- Sea el equilibrio de solubilidad del acetato de plata:

$$CH_3COOAg_{(s)} \leftrightarrows Ag^+_{(ac)} + CH_3COO^-_{(ac)}$$

Indica si la cantidad de Ag^+ en disolución aumenta, disminuye o permanece constante en los siguientes casos:

a) Adición de HNO_3: la formación de un equilibrio simultaneo ácido-base entre los protones del nítrico y el ion acetato, aumenta la solubilidad del acetato, y por tanto, la $[Ag^+]$.

$$CH_3COOAg_{(s)} \leftrightarrows Ag^+_{(ac)} + CH_3COO^-_{(ac)}$$

$$H_3O^+_{(ac)} + CH_3COO^-_{(ac)} \leftrightarrows CH_3COOH_{(ac)} + H_2O$$

$$\overline{CH_3COOAg_{(s)} + H_3O^+_{(ac)} \leftrightarrows Ag^+_{(ac)} + CH_3COOH_{(ac)} + H_2O}$$

b) Adición de acetato de plata: *la disolución es saturada, luego el acetato de plata añadido precipita sin afectar la $[Ag^+]$.*

c) Adición de CH_3COONa: *el efecto de ion común del acetato de esta sal muy soluble, desplaza el equilibrio de solubilidad hacia la precipitación de más acetato de plata, disminuyendo la $[Ag^+]$.*

d) Eliminación de parte del disolvente: *si se elimina parte del disolvente a t^a constante, el K_{ps} del acetato de plata no se modifica, luego el equilibrio se desplaza hacia la izquierda para disminuir los moles de productos en la misma razón en que disminuyó el volumen, a fin de mantener constante la concentración.*

e) Adición de plata metálica: *la plata metálica no afecta al equilibrio en ningún sentido, no reacciona con ninguna de las especies, ni es ion común; es un sólido que se ira al fondo del recipiente tal cual se añade a la disolución.*

32. Indica los moles de AgI que precipitan, si se añade $AgNO_3$ en exceso a las disoluciones acuosas de 250 ml y 1 M en cada uno de los siguientes compuestos de coordinación:

a) $[Co(NH_3)_6]I_3$ en agua se disocia: $[Co(NH_3)_6]I_{3(ac)}$ → $[Co(NH_3)_6]^{+3}_{(ac)}$ + $3I^-_{(ac)}$

$3Ag^+_{(ac)}$ + $3I^-_{(ac)}$ → $3AgI_{(s)}$ $0,25\ moles\ complejo \cdot \dfrac{3\ moles\ de\ I^-}{mol\ complejo} = 0,75\ moles\ de\ AgI$

b) $[Pt(NH_3)_4I_2]I_2$ en agua se disocia: $[Pt(NH_3)_4I_2]I_{2(ac)}$ → $[Pt(NH_3)_4I_2]^+_{(ac)}$ + $2I^-_{(ac)}$

$2Ag^+_{(ac)}$ + $2I^-_{(ac)}$ → $2AgI_{(s)}$ $0,25\ moles\ complejo \cdot \dfrac{2\ moles\ de\ I^-}{mol\ complejo} = 0,5\ moles\ de\ AgI$

c) $Na_2[PtI_6]$ en agua se disocia: $Na_2[PtI_6]_{(ac)}$ → $2Na^+_{(ac)}$ + $[PtI_6]^{-2}_{(ac)}$

$0,25\ moles\ complejo \cdot \dfrac{0\ moles\ de\ I^-}{mol\ complejo} = 0\ moles\ de\ AgI$

d) $[Cr(NH_3)_4I_2]I$ en agua se disocia: $[Cr(NH_3)_4I_2]I_{(ac)}$ → $[Cr(NH_3)_4I_2]^+_{(ac)}$ + $I^-_{(ac)}$

$Ag^+_{(ac)}$ + $I^-_{(ac)}$ → $AgI_{(s)}$ $0,25\ moles\ complejo \cdot \dfrac{1\ mol\ de\ I^-}{mol\ complejo} = 0,25\ moles\ de\ AgI$

33.- Indica Verdadero o Falso en cada una de las siguientes afirmaciones sobre una pila voltaica:

a) Los electrones circulan de manera espontánea. **V**

b) Los electrones circulan del cátodo al ánodo. **F**

c) Los electrones pueden pasar a través del puente salino. **F**

d) Los electrones pueden salir del cátodo o del ánodo, según el metal que se use. **F**

e) Los electrones circulan del electrodo de menor potencial al electrodo de mayor potencial. **V**

34.- Sea el siguiente compuesto **[Mo(Cl)$_3$(N$_2$)(C$_2$O$_4$)]**:

a) Dibuja todos sus isómeros

b) Justifica sus propiedades magnéticas.

SOLUCION

a)   *Isómeros geométricos*

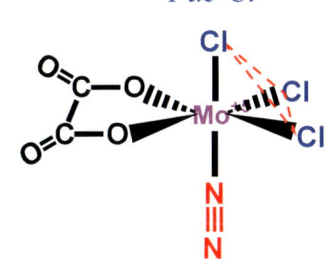

Fac-Cl

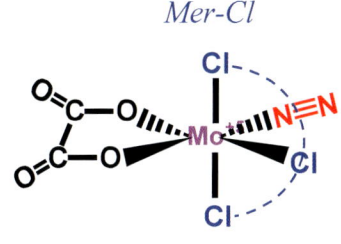

Mer-Cl

b)

Carga del compuesto = 0 = Carga del Mo + 3(-1) + 0 - 2   Carga del Mo = +5

Mo(42 electrones) = $5s^2 4d^4$ Mo^{+5} (37 electrones): $4d^1$

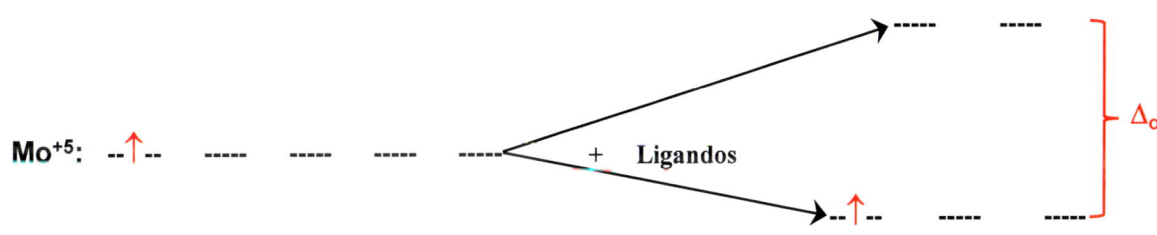

1 electrón solitario, es Paramagnético: S = 1/2 $\mu = 2\sqrt{S(S+1)} = 2\sqrt{\frac{1}{2}\left(\frac{1}{2}+1\right)} = 1{,}732$ MB

35.- A partir de las reacciones:

1) $CH_3CHO + 2H^+ + 2e^- \rightarrow CH_3CH_2OH$ $E^{o\prime}_1 = -0,197\ V$

2) $CH_3COOH + 2H^+ + 2e^- \rightarrow CH_3CHO + H_2O$ $E^{o\prime}_2 = -0,581\ V$

Calcula el $E^{o\prime}$ de la siguiente reacción: $CH_3CH_2OH + H_2O \rightarrow CH_3COOH + 4H^+ + 4e^-$

SOLUCION

Para obtener la reacción debemos sumar la inversa de (1) y la inversa de (2)

Inversa (1): $CH_3CH_2OH \rightarrow CH_3CHO + 2H^+ + 2e^-$ $\Delta G^{o\prime}_{inversa\ (1)} = -n_{inversa\ (1)}FE^{o\prime}_{inversa\ (1)}$

+

Inversa (2): $CH_3CHO + H_2O \rightarrow CH_3COOH + 2H^+ + 2e^-$ $\Delta G^{o\prime}_{inversa\ (2)} = -n_{inversa\ (2)}FE^{o\prime}_{inversa\ (2)}$

___

Global: $CH_3CH_2OH + H_2O \rightarrow CH_3COOH + 4H^+ + 4e^-$ $\Delta G^{o\prime}_{global} = \Delta G^{o\prime}_{inversa\ (1)} + \Delta G^{o\prime}_{inversa\ (2)}$

$\Delta G^{o\prime}_{global} = -n_{global}FE^{o\prime}_{global} = -n_{inversa\ (1)}FE^{o\prime}_{inversa\ (1)} + (-n_{inversa\ (2)}FE^{o\prime}_{inversa\ (2)})$

$-4E^{o\prime}_{global} = -2E^{o\prime}_{inversa\ (1)} - 2E^{o\prime}_{inversa\ (2)}$
$\begin{cases} E^{o\prime}_{inversa\ (1)} = -E^{o\prime}_1 = +0,197\ V \\ E^{o\prime}_{inversa\ (2)} = -E^{o\prime}_2 = +0,581\ V \end{cases}$

$E^{o\prime}_{global} = \frac{1}{2}E^{o\prime}_{inversa\ de\ (1)} + \frac{1}{2}E^{o\prime}_{inversa\ de\ (2)} = 0,0985 + 0,2905 = $ $0,389\ V$

36.- Calcula la concentración de Li^+ en una disolución acuosa saturada de Li_3PO_4, cuyo K_{ps} vale $2,36\cdot10^{-11}$

a) $9,68\cdot10^{-4}\ mol/L$

b) $2,90\cdot10^{-3}\ mol/L$

c) $0,143\ mol/L$

d) $2,21\cdot10^{-3}\ mol/L$

SOLUCION

$Li_3PO_4 \leftrightarrows 3Li^+_{(ac)} + PO_4^{-3}{}_{(ac)}$ $K_{ps} = [Li^+]^3[PO_4^{-3}] = (3s)^3 \cdot s = 27s^4 = 2,36\cdot10^{-11}$

          $3s$ s $s = \dfrac{[Li^+]}{3}$

$[Li^+] = 2,9\cdot10^{-3}\ mol/L$

37.- Calcula la $[Gd^{+3}]$ en las siguientes disoluciones saturadas de $Gd(IO_3)_3$, cuyo K_{ps} vale $1,8 \cdot 10^{-11}$:

a) En una disolución acuosa

$$Gd(IO_3)_3 \leftrightarrows Gd^{+3}_{(ac)} + 3IO_3^-_{(ac)} \qquad K_{ps} = [Gd^{+3}][IO_3^-]^3 = s(3s)^3 = 27s^4 = 1,8 \cdot 10^{-11}$$

$$\qquad\qquad s \qquad\qquad 3s \qquad\qquad\qquad s = [Gd^{+3}] = 9 \cdot 10^{-4}\ M$$

b) En una disolución acuosa 0,5 M de $NaIO_3$: $\quad NaIO_3 \rightarrow Na^+_{(ac)} + IO_3^-_{(ac)}$

$$\qquad\qquad\qquad\qquad\qquad\qquad\qquad\qquad\qquad\qquad 0,5\ M$$

$$Gd(IO_3)_3 \leftrightarrows Gd^{+3}_{(ac)} + 3IO_3^-_{(ac)} \qquad K_{ps} = [Gd^{+3}][IO_3^-]^3 = s(3s + 0,5)^3 \approx s(0,5)^3 = 1,8 \cdot 10^{-11}$$

Inic $\qquad\qquad\qquad\qquad\qquad\qquad 0,5\ M$

Eq $\qquad\qquad\qquad s \qquad\qquad 3s + 0,5 \qquad s = [Gd^{+3}] = 1,44 \cdot 10^{-10}\ M$

c) En 2 litros de una disolución acuosa 0,5 M de $Gd(NO_3)_3$: $\quad Gd(NO_3)_3 \rightarrow Gd^{+3}_{(ac)} + 3NO_3^-_{(ac)}$

$$\qquad\qquad\qquad\qquad\qquad\qquad\qquad\qquad\qquad\qquad\qquad\qquad\qquad 0,5\ M$$

$$Gd(IO_3)_3 \leftrightarrows Gd^{+3}_{(ac)} + 3IO_3^-_{(ac)} \qquad K_{ps} = [Gd^{+3}][IO_3^-]^3 = (s + 0,5)(3s)^3$$

Inic $\qquad\qquad\qquad\qquad 0,5\ M$

Eq $\qquad\qquad\qquad s + 0,5 \qquad 3s \qquad\qquad [Gd^{+3}] = (0,5 + s) \approx 0,5\ M$

38.- Cuál de las siguientes reacciones rédox es más espontánea en condiciones estándar:

a) $2Fe^{'2} + Cl_2 \leftrightarrows 2Cl^- + 2Fe^{+3} \qquad \Delta G^o_{pila} = -nF(E^o_{Cl_2/2Cl^-} - E^o_{Fe^{+3}/Fe^{+2}}) = -2F(1,36 - 0,771) = -1,18F$

b) $\frac{1}{2}Fe + \frac{1}{2}Cl_2 \leftrightarrows Cl^- + \frac{1}{2}Fe^{+2} \qquad \Delta G^o_{pila} = -nF(E^o_{Cl_2/2Cl^-} - E^o_{Fe^{+2}/Fe}) = -F(1,36 + 0,447) = -1,807F$

c) $Fe + {}^3/_2 Cl_2 \leftrightarrows 3Cl^- + Fe^{+3} \qquad \Delta G^o_{pila} = -nF(E^o_{Cl_2/2Cl^-} - E^o_{Fe^{+3}/Fe}) = -3F(1,36 + 0,037) = -4,191F$

d) $Fe^{+3} + Cl^- \leftrightarrows \frac{1}{2}Cl_2 + Fe^{+2} \qquad \Delta G^o_{pila} = -nF(E^o_{Fe^{+3}/Fe^{+2}} - E^o_{Cl_2/2Cl^-}) = -F(0,771 - 1,36) = +0,589F$

$$\left(E^o_{Fe^{+3}/Fe^{+2}} = +0,771\ V;\ E^o_{Fe^{+2}/Fe} = -0,447\ V;\ E^o_{Fe^{+3}/Fe} = -0,037\ V \quad y \quad E^o_{Cl_2/2Cl^-} = +1,36\ V \right)$$

39.- El quelato de geometría octaédrica **Na[Tc(DTPA^{-5})H$_2$O]**, se emplea en radiodiagnóstico:

a) Calcula su momento magnético.

b) Indica el nº de ligandos: 2

c) Indica el nº de coordinación: 6

d) Averigua el nº de iones en que se disocia el compuesto al disolverse en agua.

SOLUCION

a)

Carga del compuesto = 0 = +1 + Carga del Tc - 5 + 0   Carga del Tc = +4

Tc(43 electrones) = $5s^2 4d^5$ Tc^{+4} (39 electrones): $4d^3$

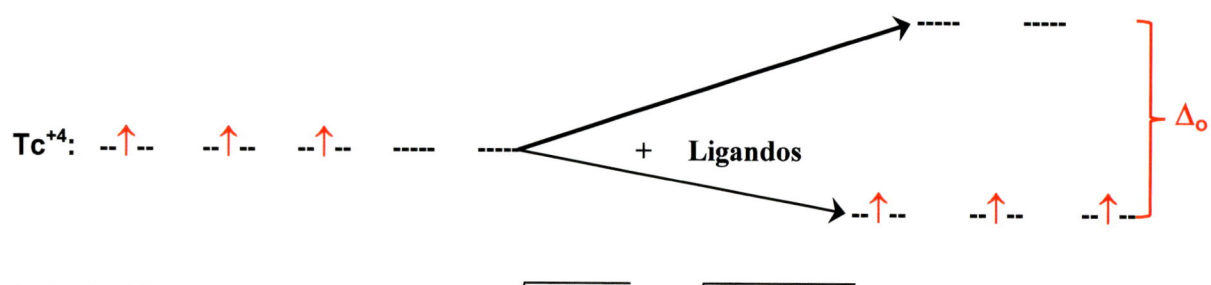

$S = 3 \cdot \frac{1}{2} = 3/2$ $\mu = 2\sqrt{S(S+1)} = 2\sqrt{1,5(1,5+1)} = 3,87 \ MB$

d) El compuesto de coordinación es una sal que en agua se disuelve disociándose en 2 iones:

$$Na[Tc(DTPA^{-5})H_2O] + H_2O \rightarrow Na^+_{(ac)} + [Tc(DTPA^{-5})H_2O]^-_{(ac)}$$

40.- Indica todos los isómeros del compuesto de coordinación **K[TiF$_3$(H$_2$O)$_2$(OH)]**:

SOLUCION

Mer-F y Trans-H$_2$O   *Mer-F y Cis-H$_2$O*   *Fac-F*

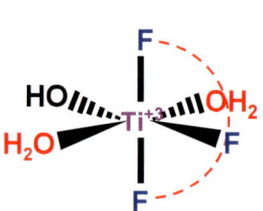   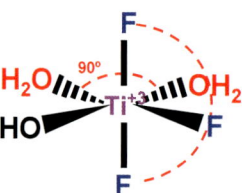   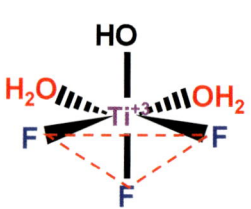

41.- El compuesto **[Ru(fenantrolina)₃]Cl₂**, utilizado para estudios estructurales del ADN, es de campo fuerte. Averigua su momento magnético.

SOLUCION

Carga del compuesto = 0 = Carga del Ru + 3(0) + 2(-1)   Carga del Ru = +2

Ru(44 electrones) = $5s^2 4d^6$ Ru^{+2} (42 electrones): $4d^6$

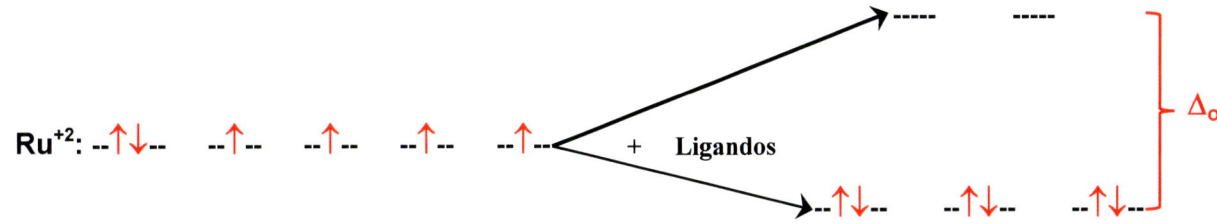

No tiene electrones solitarios, luego: S = 0   y   μ = 0

42.- Ajusta la siguiente reacción en medio ácido:

$$Cr_2O_7^{-2}{}_{(ac)} + H_3COH_{(ac)} \rightarrow Cr^{+3}{}_{(ac)} + CO_{2(g)}$$

SOLUCION

Semirreacción de reducción: $Cr_2O_7^{-2}{}_{(ac)} + 14H^+{}_{(ac)} + 6e^- \rightarrow 2Cr^{+3}{}_{(ac)} + 7H_2O$

Semirreacción de Oxidación: $H_3COH_{(ac)} + H_2O \rightarrow CO_{2(g)} + 6H^+{}_{(ac)} + 6e^-$

_____

Reacción Global: $Cr_2O_7^{-2}{}_{(ac)} + H_3COH_{(ac)} + 8H^+{}_{(ac)} \rightarrow 2Cr^{+3}{}_{(ac)} + CO_{2(g)} + 6H_2O$

43.- Calcula el momento magnético, μ, del compuesto de coordinación: **K[TiF₃(H₂O)₂(OH)]**

Carga del compuesto = 0 = +1 + Carga del Ti + 3(-1) + 0 - 1   Carga del Ti = +3

Ti(22 electrones) = $4s^2 3d^2$ Ti^{+3} (19 electrones): 3d

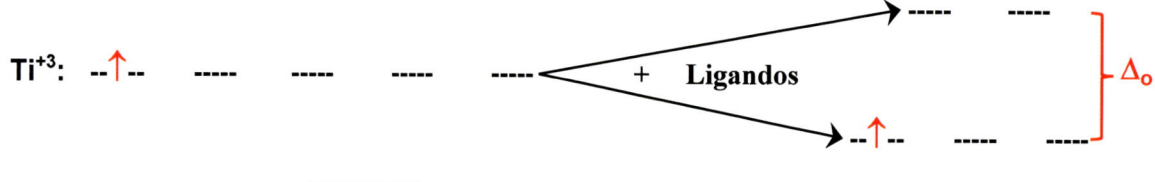

$$\mu = 2\sqrt{S(S+1)} = 2\sqrt{\frac{1}{2}\left(\frac{1}{2}+1\right)} = 1,732 \; MB$$

44.- La solubilidad en agua de la sal **Li₃PO₄** es 335,9 mg/L. ¿Cuál es el valor del K_{ps}?

    a) $1,2 \cdot 10^{-2}$

    b) $7,1 \cdot 10^{-11}$

    c) $1,9 \cdot 10^{-9}$

    d) $2,1 \cdot 10^{-10}$

$Li_3PO_{4(s)} \rightleftarrows 3Li^{+}_{(ac)} + PO_4^{-3}{}_{(ac)}$ $K_{ps} = [Li^+]^3[PO_4^{-3}] = (3s)^3 s = 27s^4$

                    3s   s

$$s = \frac{gramos\ sal/L}{masa\ molar\ sal} = \frac{0,3359}{115,82} = 2,9 \cdot 10^{-3} \; mol/L$$

$$K_{ps} = 27(2,9 \cdot 10^{-3})^4 = 1,9 \cdot 10^{-9}$$

45.- Calcula el volumen que debe tener una disolución acuosa saturada de 1 g de **CaF$_2$**. *(K_{psCaF_2} = 3,45·10^{-11})*

Para calcular el volumen de una disolución saturada de CaF$_2$, hay que averiguar su solubilidad. En este caso lo hacemos, a partir de su K$_{ps}$.

$$CaF_{2(s)} \leftrightarrows Ca^{+2}_{(ac)} + 2F^-_{(ac)}$$
$$\phantom{CaF_{2(s)} \leftrightarrows} s 2s$$

$$K_{ps} = [Ca^{+2}][F^-]^2 = (s)(2s)^2 = 4s^3$$

$$s = \sqrt[3]{\frac{K_{ps}}{4}} = \sqrt[3]{\frac{3,45 \cdot 10^{-11}}{4}} = 2,05 \cdot 10^{-4}\, mol/L$$

Expresamos la solubilidad en g/L, multiplicando la solubilidad molar, s, por la masa molar de la sal **CaF$_2$**, 78 g/mol:

$$2,05 \cdot 10^{-4} \cdot 78 = 0,016 \text{ g de } CaF_2/L \text{ disolución saturada}$$

Este valor nos informa que se necesita disolver 0,016 g de **CaF$_2$** para obtener 1 litro de disolución saturada, por tanto, si disolvemos 1 g de **CaF$_2$** se obtendrá:

$$Volumen\ de\ disolucion\ saturada = \frac{1\ g\ de\ CaF_2}{0,016\ \frac{g\ de CaF_2}{L\ de\ disolucion\ saturada}} = 62,5\ L$$

46.- Calcula el momento magnético del compuesto de coordinación de campo fuerte: $K_2[Co(EDTA)]$, a partir de su configuración electrónica.

SOLUCION

Carga del Compuesto = 0 = Carga del Co + 2 - 4   Carga del Co = +2

Co(27 electrones) = $4s^2 3d^7$ Co^{+2} (25 electrones): $3d^7$

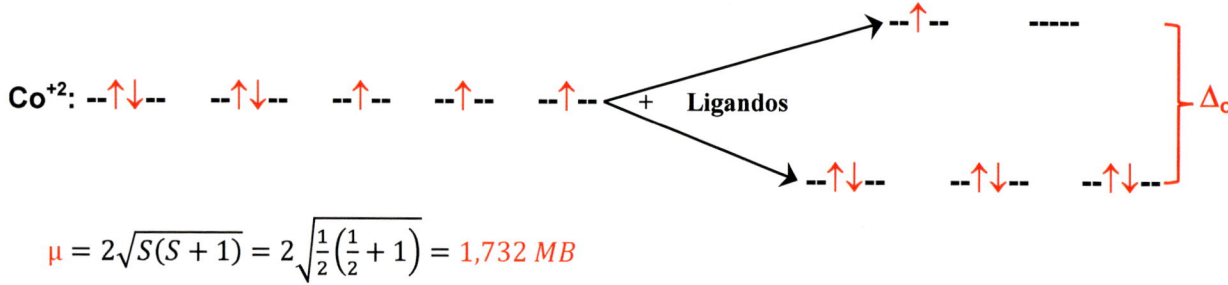

$$\mu = 2\sqrt{S(S+1)} = 2\sqrt{\frac{1}{2}\left(\frac{1}{2}+1\right)} = 1,732 \; MB$$

47.- Ordena las siguientes sustancias de mayor a menor acidez:

a) H_2CO_3 **b)** $HClO_3$ **c)** H_2SO_3 **d)** H_3BO_3 **e)** HNO_3

SOLUCION

La acidez de los ácidos ternarios, con el mismo nº de oxígenos, aumenta con la electronegatividad del átomo central:

$$HNO_3 > HClO_3 > H_2SO_3 > H_2CO_3 > H_3BO_3$$

48.- Dibuja todos los isómeros del compuesto de coordinación: **$[Os(Cl)_3(NO)_3]Cl_3$**

SOLUCION

Mer-Cl y Mer-NO   Fac-Cl y Fac-NO

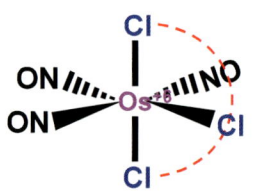   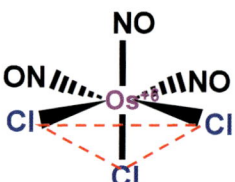

49.- Ajusta la reacción en medio ácido: $As_2O_{3(s)}$ + $NO_3^-{}_{(ac)}$ → $H_3AsO_{4(ac)}$ + $NO_{2(g)}$

SOLUCION

Semirreacción de reducción: $4(NO_3^-{}_{(ac)}$ + $2H^+{}_{(ac)}$ + e^- → $NO_{2(g)}$ + $H_2O)$

Semirreacción de Oxidación: $As_2O_{3(s)}$ + $5H_2O$ → $2H_3AsO_{4(ac)}$ + $4H^+{}_{(ac)}$ + $4e^-$

Reacción Global: $As_2O_{3(s)}$ + $4NO_3^-{}_{(ac)}$ + $4H^+{}_{(ac)}$ + H_2O → $2H_3AsO_{4(ac)}$ + $4NO_{2(g)}$

50.- En el laboratorio disponemos de los metales y de las sustancias necesarias para fabricar electrodos de cerio, aluminio, cobre y zinc:

$$(E^o_{Ce^{+4}/Ce^{+3}} = +1,72\,V; \qquad E^o_{Al^{+3}/Al} = -1,66\,V; \qquad E^o_{Cu^{+2}/Cu} = +0,34\,V \quad y \quad E^o_{Zn^{+2}/Zn} = -0,76\,V)$$

a) ¿Qué combinación de pares de electrodos proporcionaría la pila de mayor E°?, y ¿cuánto valdría este?

b) Escribe la notación de la pila

SOLUCION

a) La pila con el mayor E°, se construye eligiendo como cátodo el electrodo que tenga el E° más positivo y como ánodo el electrodo con el E° más negativo. En este caso y según los electrodos disponibles, como cátodo elegimos el electrodo de cerio y como ánodo el electrodo de aluminio, de modo que el E° de la pila valdrá:

$$E°_{pila} = E°_{cátodo} - E°_{ánodo} = 1,72 - (-1,66) = 3,38\ V$$

b)

Anodo   Cátodo

$$Al_{(s)} \big| Al^{+3}{}_{(ac)} \big\| Ce^{+4}{}_{(ac)}, Ce^{+3}{}_{(ac)} \big| Pt$$

Metal inerte de platino

Cambio de fase o estado de la materia

Puente salino

51.- Ajusta la reacción: $Cr_2O_7^{-2}{}_{(ac)}$ + $I_{2(ac)}$ → $Cr^{+3}{}_{(ac)}$ + $IO_3^-{}_{(ac)}$

a) En medio ácido

b) En medio básico

SOLUCION

a) Medio ácido:

Semirreacción de Reducción: $5(Cr_2O_7^{-2}{}_{(ac)}$ + $14H^+{}_{(ac)}$ + $6e^-$ → $2Cr^{+3}{}_{(ac)}$ + $7H_2O)$

Semirreacción de Oxidación: $3(I_{2(ac)}$ + $6H_2O$ → $2IO_3^-{}_{(ac)}$ + $12H^+{}_{(ac)}$ + $10e^-)$

Reacción Global: $5Cr_2O_7^{-2}{}_{(ac)}$ + $3I_{2(ac)}$ + $34H^+{}_{(ac)}$ → $10Cr^{+3}{}_{(ac)}$ + $6IO_3^-{}_{(ac)}$ + $17H_2O$

b) Medio básico:

$5Cr_2O_7^{-2}{}_{(ac)}$ + $3I_{2(ac)}$ + $34H^+{}_{(ac)}$ + $34HO^-{}_{(ac)}$ → $10Cr^{+3}{}_{(ac)}$ + $6IO_3^-{}_{(ac)}$ + $17H_2O$ + $34HO^-{}_{(ac)}$

$5Cr_2O_7^{-2}{}_{(ac)}$ + $3I_{2(ac)}$ + $34H_2O_{(l)}$ → $10Cr^{+3}{}_{(ac)}$ + $6IO_3^-{}_{(ac)}$ + $17H_2O$ + $34HO^-{}_{(ac)}$

Reacción Global: $5Cr_2O_7^{-2}{}_{(ac)}$ + $3I_{2(ac)}$ + $17H_2O_{(l)}$ → $10Cr^{+3}{}_{(ac)}$ + $6IO_3^-{}_{(ac)}$ + $34HO^-{}_{(ac)}$

52.- El catión complejo $[Ti(H_2O)_6]^{+3}$ absorbe un fotón de $\lambda = 492,6$ nm:

a) Calcula la diferencia de energía entre sus orbitales *"d"*, Δ_o

b) Dibuja el esquema de la estructura electrónica del complejo.

c) Calcula su momento magnético, μ.

d) Dibuja los isómeros que tenga. *(Nº atómico Ti = 22 y h = 6,626·10⁻³⁴ J·s/fotón)*

SOLUCION

a) Δ_o coincide con la energía del fotón absorbido:

$$\Delta_o = h\nu = h\frac{c}{\lambda} = 6,626 \cdot 10^{-34} \cdot \frac{3 \cdot 10^8 \; ^m/_s}{4,926 \cdot 10^{-7} \; m} \approx 4 \cdot 10^{-19} \; J$$

b) Carga del Compuesto = +3 = Carga del Ti + 6(0)   Carga del Ti = +3

Ti(22 electrones) = $4s^2 3d^2$ Ti^{+3} (19 electrones) = $3d^1$

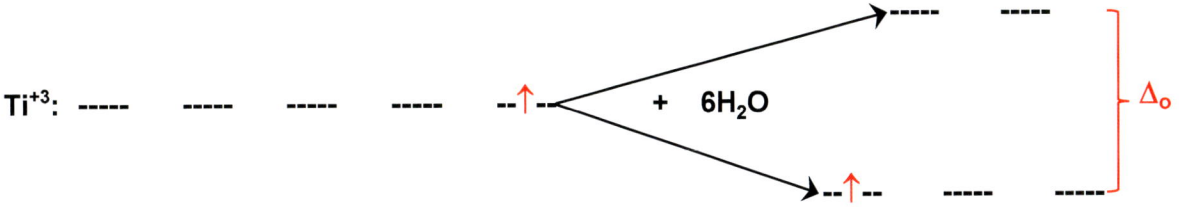

c) $\mu = 2\sqrt{S(S+1)} = 2\sqrt{\frac{1}{2}\left(\frac{1}{2}+1\right)} = 1,732 \; MB$

d) No tiene

53.- Indica si la solubilidad de la sal AgCl en una disolución acuosa, aumenta, disminuye o no varía, si:

a) Aumenta la tª. Aumenta

b) Se añade más agua. No Varía

c) Se añade ácido clorhídrico. Disminuye

d) Se añade sosa cáustica. Aumenta

e) Se añade hexano a una disolución acuosa. No varía

54.- Al mezclar una disolución acuosa al 5 %(p/p) de Na_2S con la misma masa de otra disolución acuosa al 5 %(p/p) de Cl_2Cu, se forma un precipitado. Averigua el %(p/p) de dicho precipitado en la disolución final.

SOLUCION

Las sales Na_2S y $CuCl_2$ en agua se disocia en Cu^{+2}, Cl^-, Na^+ y S^{-2}

Al mezclar ambas disoluciones se forma un precipitado de CuS

Para saber la cantidad máxima que se forma de precipitado, tenemos que calcular los moles de Cu^{+2} y de Cl^-:

Masa de Na_2S disuelta = masa de disolución·[%(p/p) de Na_2S/100] = x·0,05

$$moles\ de\ S^{-2} = moles\ de\ Na_2S = \frac{g\ de\ Na_2S}{Masa\ molar\ Na_2S} = \frac{0,05x}{78} = 6,41 \cdot 10^{-4}x$$

Masa de $CuCl_2$ disuelta = masa de disolución·[%(p/p) de $CuCl_2$/100] = x·0,05

$$moles\ de\ Cu^{+2} = moles\ de\ CuCl_2 = \frac{g\ de\ CuCl_2}{Masa\ molar\ CuCl_2} = \frac{0,05x}{134,45} = 3,72 \cdot 10^{-4}x$$

El reactivo limitante es el Cu^{+2}, por tanto, se formará como máximo 3,72·10⁻⁴x moles de CuS

$$\%(^p/_p)\ CuS = 100\frac{g\ CuS}{g\ disolución\ final} = 100\frac{moles\ CuS \cdot Masa\ molar\ CuS}{x+x}$$

$$\%(^p/_p)\ CuS = 100\frac{3,72 \cdot 10^{-4} \cdot x \cdot 95,55}{2x} = 1,78\ \%$$

55.- Ajusta la siguiente reacción que tiene lugar en una disolución acuosa de ácido sulfúrico, H_2SO_4:

$$Pb_{(s)} \;+\; PbO_{2(s)} \;\leftrightarrows\; PbSO_{4(s)}$$

SOLUCION

Anodo: $Pb_{(s)} + H_2SO_{4(ac)} \rightarrow PbSO_{4(s)} + 2H^+_{(ac)} + 2e^-$

Cátodo: $PbO_{2(s)} + 2H^+_{(ac)} + H_2SO_{4(ac)} + 2e^- \rightarrow PbSO_{4(s)} + 2H_2O$

_____

Reacción Batería: $Pb_{(s)} + PbO_{2(s)} + 2H_2SO_{4(ac)} \rightarrow 2PbSO_{4(s)} + 2H_2O$

56.- Indica verdadero o falso en los siguientes enunciados sobre lo que ocurre en el cátodo, cuando se realiza una electrolisis sobre una disolución acuosa de **NaCl**:

a) Los iones Na^+ se reducen. Falso

b) Se reducen los protones del agua. Verdadero

c) Disminuye el pH. Falso

d) El medio se vuelve ligeramente alcalino. Verdadero

57.- Indica para los siguientes compuestos de coordinación:

a) N° de coordinación y un isómero de enlace de: **[Pt(Cl)₂(NH₃)(SCN)]Cl**

IC: 4 e Isómeros de enlace: $[Pt(Cl)_2(NH_3)(SCN)]Cl \;\leftrightarrow\; [Pt(Cl)_2(NH_3)(NCS)]Cl$

N≡C-S   Cl
     \\   /
      Pt⁺⁴
     /   \\
  H₃N   Cl

S=C=N   Cl
     \\   /
      Pt⁺⁴
     /   \\
  H₃N   Cl

b) N° de iones en disolución acuosa y un isómero de ionización de: **[FeCl(en)₂(O₂)]NO₂**

$[FeCl(en)_2(O_2)]NO_2 + H_2O \rightarrow [FeCl(en)_2(O_2)]^+_{(ac)} + NO_2^-_{(ac)}$ (2 iones/fórmula)

Isómeros de ionización: $[FeCl(en)_2(O_2)]NO_2 \;\leftrightarrow\; [Fe(NO_2)(en)_2(O_2)]Cl$

c) Carga del titanio, n° de isoméros geométricos y n° de isómeros ópticos de: **K[TiF₃(H₂O)₂(OH)]**

Carga del compuesto = carga del K + carga del Ti + carga de los F + carga del agua + carga del OH

$$0 = (+1) + \text{carga del Ti} + 3(-1) + 2\cdot0 + (-1)$$

Carga del Ti = + 3

3 isómeros geométricos y ningún isómero óptico, porque todos los geométricos tienen al menos un plano de simetría.

trans-H₂O y mer-F *cis-H₂O y mer-F* *cis-H₂O y fac-F*

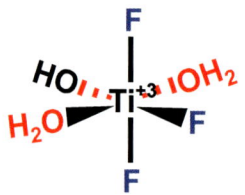

d) Carga de los **Mn**, que es la misma, y un isómero de coordinación de: **[Mn(H₂O)₆][Mn(H₂O)₂Cl₄]**

Carga del compuesto de coordinación = carga del catión + carga del anión = 0

Carga del anión = - (carga del catión)

Carga del anión = carga del Mn + carga del agua + carga de los Cl = carga del Mn + 2·0 + 4(-1)

Carga del catión = carga del Mn + carga del agua = carga del Mn + 5·0

Carga del Mn - 4 = - (carga del Mn)   Carga de los Mn = 4/2 = + 2

Isómeros de coordinación: [Mn(H₂O)₆][Mn(H₂O)₂Cl₄] ↔ [Mn(H₂O)₅Cl][Mn(H₂O)₃Cl₃]